INVENTAIRE
S 25,717

I0183615

ESSAI

SUR

L'ENGRAISSEMENT

des

BŒUFS, VACHES, MOUTONS & VEAUX,

COMPRENANT TOUT CE QUI CONCERNE LA MANIÈRE DE LES NOURRIR,
ACHETER ET VENDRE, ET DONNANT LES MOYENS SÛRS
ET FACILES D'APPRÉCIER LEUR POIDS
ET LEUR QUALITÉ,

PAR

M. DANZEL D'AUMONT,

Membre de la Chambre consultative d'Agriculture.

AMIENS,
TYPOGRAPHIE DE E. YVERT,
rue Sire-Firmin-Leroux, 24.

1852.

S

ESSAI

SUR

L'ENGRAISSEMENT

des

BŒUFS, VACHES, MOUTONS & VEAUX,

COMPRENANT TOUT CE QUI CONCERNE LA MANIÈRE DE LES NOURRIR,
ACHETER ET VENDRE, ET DONNANT LES MOYENS SÛRS
ET FACILES D'APPRÉCIER LEUR POIDS
ET LEUR QUALITÉ,

PAR

M. DANZEL D'AUMONT,

Membre de la Chambre consultative d'Agriculture.

DÉPÔT LÉGAL.
Somme
A 2° 12
1852

BIBLIOTHÈQUE NATIONALE
R. F.
IMPR.

AMIENS,
TYPOGRAPHIE DE E. YVERT,
rue Sire-Firmin-Leroux, 24.
—
1852.

INTRODUCTION.

NON SEULEMENT les révolutions bouleversent les États, mais elles entraînent après elles la dépréciation de toutes les valeurs. Chacune reçoit à son tour le contre-coup de l'ébranlement général. En premier lieu la Bourse, ce thermomètre de la fortune publique, s'alarme et traduit par une baisse instantanée l'appréhension générale ; bientôt, le resserrement des capitaux force l'industrie à fermer ses ateliers ; les entreprises de toute nature s'arrêtent et sont vouées au chômage, cette maladie endémique des temps modernes. Dès lors aussi, la propriété mobilière est atteinte. La propriété immobilière, ce placement peu lucratif, mais si sûr, résiste plus long-temps ; cependant, à la longue, il est ébranlé ; les bois, les prés qui touchent au mobilier par leur superficie, ouvrent la marche, et la terre en culture elle-même ne tarde pas à les suivre.

Telle est l'histoire des révolutions, telle a été celle de 48. Pendant six mois la valeur de la terre et des locations se maintint, mais elle ne put résister davantage au mauvais esprit qui dirigeait le gouvernement provisoire et aux charges accablantes (*) qui lui furent imposées : aussi en résulta-t-il une baisse énorme sur les immeubles, baisse qu'on ne saurait évaluer à moins d'un tiers du prix antérieur.

Au milieu de ce désastre universel, l'agriculture ne fut pas épargnée. La terre, pour donner ses produits, a besoin d'être fécondée par de longs et pénibles sacrifices : le cultivateur pouvait-il lui confier ses épargnes, lorsqu'il était obligé de les verser dans le gouffre toujours béant du fisc ? Pouvait-il l'arroser de ses sueurs, lorsque le sol, convoité par d'ardents novateurs, menaçait à chaque instant de se dérober sous ses pas ?

Quand la révolution de février vint la surprendre, déjà l'agriculture se débattait sous le poids de circonstances anormales.

La disette de 47, en élevant, pour quelques mois, à des chiffres fabuleux, la valeur du blé que le cultivateur, depuis long-temps, vendait à vil prix, lui légua pour adieu la concurrence étrangère qui, a cinq ans de date, pèse encore sur le cours de nos céréales. Devant le hideux fantôme de la famine, une panique générale avait saisi les esprits, et une flotte improvisée était allée demander au Nouveau-Monde, le trop plein de ses greniers. Certains de ces navires revinrent en temps utile, mais la plupart ne rentrèrent en France, que pour grossir la récolte, déjà si abondante.

Le cultivateur peu fourni n'avait guère profité de la hausse, la baisse l'acheva. D'un côté, de nombreuses misères avaient surgi autour de lui, et il avait dû s'efforcer de les soulager ; de l'autre, excité par le haut prix du blé, il avait fait converger toute sa culture vers cette production, lorsque déçu dans ses espérances, il se vit forcé de l'abandonner, mais ces évolutions sont ruineuses; elles exigent des avances consi-

(*) Impôts de 45 centimes.

dérables en fumier et en bestiaux, avances que les cultiva-teurs n'étaient guère en position de faire.

C'est au milieu de ces circonstances qu'éclata la révolution de février : chacun, dès lors, réduisit le nombre de ses animaux, les marchés furent encombrés, et il ne fut possible de vendre qu'aux conditions les plus défavorables ; c'est alors qu'on vit, au marché de Poissy, la viande de première qualité descendre à 75 centimes le kilo.

C'eût été le moment, pour la boucherie, de se grandir à la hauteur des circonstances, et de maintenir la consommation arrêtée, en abaissant la marchandise au taux de l'acquisition. Loin de là, les bouchers voulurent retrouver sur le nombre, de jour en jour plus restreint de leurs pratiques, ce qu'ils perdaient sur la quantité. En vain le consommateur jetait-il les hauts cris, en vain l'engraisseur implorait-il ses bourreaux, les bouchers sourds à leurs plaintes, maintenaient les prix anciens, et ils échafaudaient leur fortune sur la détresse générale.

Mais le bien devait naître de l'excès du mal : une réaction salutaire s'opéra. Dans tous les centres populeux furent créées des boucheries de bienfaisance. Les prix mis en rapport avec l'acquisition, non seulement la consommation augmenta, mais le pauvre trouva, à des prix relatifs, la viande de seconde et de troisième qualité : la ligue maçonnique des bouchers fut brisée, la concurrence rétablie, et dussent ces établissements périr sous les inconvénients inhérents à leur nature, que la pensée féconde qui les a instituée survivrait à leur chûte. Des hommes jeunes et intelligents surgiraient après eux, qui maintiendraient le commerce de la boucherie dans les limites d'un gain raisonnable.

Pendant ce temps, que faisait l'industrie ? Si ses crises sont fréquentes, elles sont aussi plus courtes ; elle s'alarme facilement, mais se rassure de même. Aussi, à peine le gouvernement eut-il repris quelqu'assiette, que le commerce s'essaya, d'abord timidement ; les capitaux reparurent, et il recommença (à courts termes, il est vrai,) ses opérations.

La propriété foncière souffre plus long-temps des atteintes qu'elle reçoit; il faut des chocs violents pour l'ébranler, mais elle répare lentement ses pertes. Le cultivateur vit d'avenir et de sécurité. Eh ! que peut-il entreprendre lorsqu'il est à peine sûr du lendemain ? Cependant, il faut vivre et maintenir ces cultures qui, si on les néglige, cessent bientôt de produire. Quelle sera la branche de culture applicable à ces temps de crise, la branche qui enrichisse le sol sans appauvrir le laboureur ?

Sera-ce l'élève des chevaux ? Mais les chemins de fer ont tari cette source de produits.

L'élève des génisses, des agneaux ? Mais on ne retrouve pas le tiers du prix de revient.

La vente des prairies naturelles, artificielles, ou irriguées? Mais elles sont à vil prix.

Les plantes oléagineuses ou textiles? Mais elles épuisent la terre et ne lui rendent rien.

Que reste-t-il donc ? L'engraissement.

L'engraissement qui est : 1° la plus courte de toutes les spéculations, puisqu'elle peut être réalisée en trois mois ; 2° la plus avantageuse, puisque la nourriture est à bas prix et que le bénéfice se mesure entre le taux de vente et celui d'achat ; 5° celle qui fournit le fumier le plus abondant, le meilleur et le moins cher ; car ici, hâtons-nous de le dire, tandis que l'on proclame bien haut que toute la culture réside dans les instruments, mettant ainsi la charrue avant les bœufs, nous, sans méconnaitre les perfectionnements acquis, nous restons fidèles au système de nos pères, système adopté par nos plus illustres cultivateurs, à savoir : que la culture doit être une fabrique à fumier, et que si elle fonctionne bien, on aura réalisé tout le progrès possible.

Mais objecte-t-on : L'engraissement est coûteux et difficile.

L'engraissement est coûteux ? Mais a-t-on compté rigoureusement la dépense de chacun des animaux de l'exploitation ? Et sans parler des chevaux, quel est le prix de revient d'une génisse de 18 mois, que l'on vend 60 ou 80 francs ? Combien coûte une vache à lait ? Si elle est préparée avec soin pour le vêler, et entretenue parfaitement pendant l'abondance du lait, elle dépensera au moins pour 240 fr. par an de nourriture. Quel est son produit ? M. de Domballe l'évalue à 60 fr. ; doublez cette somme, vous n'arriverez encore qu'à la moitié de la dépense, tandis qu'il est des graissières qui indemniseront de la totalité.

L'engraissement est difficile, sans doute, mais ses difficultés ne sont pas insurmontables ; c'est dans la vue de les aplanir que nous publions cet essai.

En parcourant le pays pour l'approvisionnement de la boucherie, il nous a été donné de connaître les diverses méthodes en usage et de les soumettre à l'épreuve suprême, celle de l'abattoir. Les engraisseurs, qui ont bien voulu nous initier à leurs procédés, nous permettront de les divulguer. Le cultivateur n'est pas égoïste ; ce qu'il sait, il aime à le répandre. Nous avons prouvé aux cultivateurs notre intérêt, en leur demandant, le plus possible, l'approvisionnement de la boucherie. En leur soumettant aujourd'hui le résultat de nos recherches, puissions-nous clore utilement la mission que nous nous étions imposée.

Aussi bien il est temps de se hâter ; tandis que l'on conteste le mérite de l'engraissement, ou que l'on s'obstine à suivre les errements anciens, il se produit un fait qui a une grande importance ; d'agricole qu'elle était, la production de la graisse tend à devenir industrielle. Les sucreries, les distilleries, les brasseries s'emparent à peu près exclusivement de l'engraissement d'hiver. Les chefs de ces industries ont fait faire de très-grands progrès aux méthodes employées jusqu'ici. Nous n'avons pas besoin d'en chercher d'autres preuves que l'approvisionnement du marché d'Amiens, qu'ils accaparent presqu'entièrement. Hâtons-nous donc, nous aussi, si nous ne voulons pas qu'ils s'approprient une branche si importante, au détriment de l'agriculture.

PLAN DE CE TRAVAIL.

Tous les animaux qui peuplent la basse-cour peuvent être utilement engraissés, depuis la volaille destinée à nos tables, jusqu'aux jeunes chevaux préparés pour la vente. Notre plan n'embrassera pas ces diverses parties ; nous nous bornerons aux races ovines et bovines ; nous dirons : 1° les conditions que doivent remplir les animaux pour être aptes à l'engraissement ; 2° la valeur nutritive de tous les aliments ; 3° les différentes manières de les administrer ; 4° enfin les moyens de connaître les progrès des animaux pendant l'engraissement et leur poids précis au moment de la vente.

DU CHOIX DES ANIMAUX.

« Lorsque la nourriture donnée aux animaux est plus que
» suffisante pour réparer leurs pertes, alors commence la
» production de la graisse. Ce sont les parties intérieures et
» principalement le tissu sous-cutané qui se remplissent d'a-
» bord de cette matière ; puis elle se répand entre les mus-
» cles, autour des glandes lymphatiques et des articula-
» tions.

» Lorsque toutes ces parties en sont saturées, la nature
» dirige son travail à l'intérieur, ce n'est qu'en ce moment
» que l'animal passe au fin gras, c'est-à-dire qu'il acquiert
» toute sa qualité. » (*)

(*) Chabert.

Mais s'il est rare qu'à force de temps et de dépense, on ne puisse amener tous les animaux à l'engraissement, il n'en est pas moins vrai que l'aptitude à prendre la graisse varie excessivement entre les animaux, et que tandis qu'il en est qui paient à peine le tiers de leur nourriture, il en est d'autres, au contraire, qui en paient la moitié, les trois quarts et même la totalité. On comprend alors combien il importe de bien connaître les caractères qui décèlent cette aptitude, puisqu'à vrai dire c'est de cette connaissance que dépend le succès de l'opération.

En général, on remarque que les animaux aux formes anguleuses et saillantes, à la poitrine étroite, aux jambes hautes et fluettes, à l'échine arquée, au cou long et grêle, sont peu propres à l'engraissement ; tandis que les bêtes trapues, près de terre, sont très disposées à prendre de la graisse et du poids.

Lorsqu'on engraisse, pour la première fois, on est souvent porté à acheter des animaux vieux et maigres, qui sont livrés à très bas prix ; mais ces bêtes ventrues, poussives, édentées, consomment une grande quantité d'aliments, et presque toujours en pure perte ; elles sont sujettes à mille accidents, ne donnent que de la seconde qualité, *pour une qui tourne il en est deux qui donnent du chagrin.* Aussi voyons-nous les Normands, qui fournissent à plusieurs départements la bête d'engrais, conserver pour eux les meilleures et les plus avancées.

DU CHOIX DES VACHES.

On regarde la vache suisse comme le type primitif de la vache d'Europe ; depuis lors une foule de sous-races se sont créées sous les influences si diverses des soins, du climat et de la nourriture. Nous allons d'abord donner les caractères généraux de la bonne graissière, à quelque division qu'elle appartienne.

Nous dirons ensuite ce qui est spécial à chacune des espèces qui sont répandues dans nos pays.

Formes. — C'est une chose excessivement importante que la conformation des vaches, puisqu'il est de principe qu'un animal consomme d'autant moins et s'entretient d'autant plus facilement, que sa construction est plus irréprochable.

Une bonne graissière doit avoir la tête courte, le museau pointu, les cornes minces et transparentes, les yeux saillants, le cou court, le garrot épais, le rein droit, les hanches rondes et non prédominantes, la côte large, le flanc cylindrique, la queue grosse et attachée ni trop haut, ni trop bas, le bassin peu évasé; les cuisses doivent être pleines et garnies de chair jusqu'aux jarrets, les jambes courtes, la poitrine ouverte et descendue, la peau mince et souple (*), le poil frisé, et avoir les principaux maniements apparents (**). Le point le plus difficile et le plus coûteux de l'engraissement, c'est d'amener une bête à prendre de la chair, aussi doit-on bien se garder d'acheter des animaux très-maigres. Il vaut mieux se contenter d'un moindre bénéfice et travailler à coup-sûr.

Age. — C'est de 4 à 8 ans que les vaches sont le plus facile à engraisser; passé cet âge, et après avoir donné plusieurs veaux, elles prennent du ventre, se déforment et deviennent ce qu'on appelle vulgairement *mères vaches;* alors, elles sont plus difficiles à engraisser et ne fournissent plus que de la deuxième et troisième qualité; sans doute il est à cette règle des exceptions; il se trouve des bêtes qui sont si heureusement conformées, qu'elles se conservent bonnes graissières toute leur vie; mais ces exceptions ne

(*) Les marchands disent : « Cette vache se manie comme une taupe. »

(**) Nous les ferons connaître ci-après.

font que confirmer la règle. On peut aussi engraisser les génisses dès l'âge de 18 mois; elles seront même relativement
plus lourdes, avant que la dentition n'ait commencé; mais,
à cet âge, elles coûtent cher, grandissent pendant l'engraissement et sont rarement amenées au fin gras. La chair des
génisses est tendre et succulente, et elle convient pour rôtir
et faire des biffteacks ; mais elle donne une soupe blanche
peu estimée. Ce n'est qu'exceptionnellement qu'on doit livrer les génisses à l'engraissement, soit parce qu'on a été
trompé sur leurs formes, soit parce qu'on a pu se les procurer à bas prix.

Couleur. — La couleur n'est pas une chose indifférente
dans les animaux ; il est facile de reconnaître qu'elle est
presque toujours l'indice du tempéramment. On remarque
comme préférable les couleurs tranchées; ainsi, le blanc, le
bai, le noir, ou les bêtes plaquées de ces couleurs primitives.
En général, les vaches piquetées de rouge et de blanc sont
difficiles à nourrir, et celles de couleurs fades, ou café au
lait, produisent peu à la mort. Les bouchers disent : « *Caille
de peau, caille de viande,* c'est-à-dire *fadé en couleur, faible en rendement,* et j'ai plusieurs fois vérifié l'exactitude de
cette donnée : aussi, sans attacher à la couleur une importance exagérée, n'est-il pas inutile de s'en préoccuper.

Vaches pleines ou vides. — On est exposé, en achetant
des vaches pour engraisser, à en rencontrer qui soient pleines
de plus de trois mois. Si on en a soupçon, il faut se hâter de
les engraisser, afin qu'elles soient tuées avant que la gestation ne dépasse le sixième mois. La quantité de suif sera
un peu moindre, mais la chair ne perdra pas sa qualité :
autant le veau fait tort et se développe dans une vache demi-
maigre, autant il reste petit et sans développement dans
une vache extra-fine ; aussi, ai-je vu des vaches dans ce
cas, dont le veau entouré de toutes parts par la graisse,
n'avait pour ainsi dire pas chance de vie.

Lorsque les vaches achetées pour engraisser demandent le taureau, il faut se hâter de les y conduire, autrement elles s'agitent et perdent en une journée ce qu'elles avaient gagné pendant trois semaines ; d'ailleurs, fussent-elles tranquilles pendant l'engraissement, que du moment où on les déplace, soit pour la vente, soit pour la livraison, elles se tourmentent, les maniements deviennent mous et elles perdent de leur valeur.

Vaches taurillières. — Il est des vaches qui, après avoir donné un ou plusieurs veaux, deviennent *taurillières,* c'est-à dire se mettent sans cesse en chaleur sans pouvoir prendre de veau ; cet état, qui dégénère en maladie, entraîne souvent de graves accidents. On reconnaît ces sortes de vaches à la proéminence de leur queue, à l'évasement du bassin et à deux cavités en guise de salières qui se trouvent à l'origine et des deux côtés de la queue ; aussitôt qu'on les manie, elles se tourmentent et trahissent leur état par des mouvements désordonnés. Il est tout à fait impossible d'engraisser ces bêtes à l'herbe ; mais lorsque ces dispositions ne sont pas très prononcées, il est possible de les engraisser à l'étable, moyennant certaines précautions que nous indiquerons ci-après ; toutefois la vente en est toujours difficile.

RACES ÉTRANGÈRES ET INDIGÈNES.

Races anglaises du Devon, de Dishley et de Durham. — Longtemps les races de Dishley et du Devon ont occupé le premier rang en Angleterre. Cette prééminence était complètement justifiée par l'ampleur et la beauté de leurs formes ; mais elles ont été récemment détrônées par la race de Teeswater, plus connue sous le nom de race de Durham, que l'on croit issue de la race hollandaise. En effet, cette race réunit au suprême degré la perfection des formes à la précocité de l'engraissement, et elle est regardée comme plus laitière que les précédentes. Ce cachet distinctif est si prononcé, que les sujets qui proviennent d'un premier croisement avec cette race, décèlent immédiatement leur origine.

Cette race a la tête courte, les cornes petites et transparentes, les jambes fines et basses, les cuisses rondes et garnies de chair jusqu'en bas, l'épine du dos droite comme une flèche, le dos large et plat, le corps arrondi, la poitrine large et descendue, le poil fin et frisé ; elle est d'un blanc pur, ou rouge piqueté de blanc. Cette race s'engraisse on ne peut plus aisément ; les parties les plus recherchées sont les mieux garnies de viande et sous un volume égal ; elle a un tiers moins d'os que la race suisse et un quart en moins que la bête de pays ; elle est très facile à nourrir, et placée au milieu de vaches picardes et flamandes, recevant la même nourriture, elle s'engraisse, tandis que les autres bêtes sont en mauvais état. La couleur n'est point un obstacle à la propagation, car elle est peu persistante, et sur trois croisements faits avec des bêtes bai-brunes, on aura deux élèves pareils à la mère ; aussi, fort de notre expérience, et convaincu que cette race est destinée à rendre de grands services à notre pays, nous appelons de tous nos vœux sa propagation. Sa taille n'est pas énorme ; croisée avec des bêtes de pays, elle dépasse rarement un poids de 250 kil.

Race hollandaise. — La race hollandaise présente les caractères les plus prononcés d'une race persistante ; elle a les jambes un peu hautes, le corps grand et fort, la croupe avalée, les os des hanches saillants, le cou mince, la tête étroite, les cornes courtes et dirigées en avant, la robe à peu près uniformément tachetée de noir et de blanc, la peau soyeuse, le poil fin, les mamelles grosses et pendantes. Les vaches de cette race consomment beaucoup, mais elles donnent considérablement de lait et s'engraissent facilement : leur viande est estimée. On peut en voir un joli échantillon chez M. Salmon, à Saint-Fuscien, et chez M. Canet, au Paraclet. Elevées en Picardie, ces vaches ne pèsent guère

que 225 kil., tandis qu'en Flandre, elles vont en moyenne
à 500.

Race suisse. — C'est de la Suisse qu'on a tiré les plus belles
races connues; mais, elles n'ont pas également bien réussi
partout. La race de Schwitz, que les comices de la Somme
ont tenté d'acclimater parmi nous, a une robe bai-marron
parfois un peu grisàtre avec une raie claire sur le dos ; le
tour de la bouche, l'intérieur des cuisses sont blanchâtres ou
jaunâtres, la tête large et carrée, les cornes grosses et courtes. Les bêtes sont bien culotées, d'une nature parfaite,
bonnes laitières; pourtant, cette espèce n'a point réussi dans
notre pays, et son introduction a jeté une grande défaveur
sur les tentatives du même genre.

On reproche à la vache suisse :

1° D'avoir un volume d'os tout à fait disproportionné avec
sa masse de chair, ce qui la rend médiocre pour la boucherie et amène des accidents au moment du part ;

2° Sa couleur et ses cornes sont en défaveur sur le marché ; ce sont des préjugés, dira-t-on, mais le cultivateur
n'est pas riche, il travaille pour gagner, et il devra cesser
d'en élever, s'il ne veut perdre un quart sur toutes ses ventes. On peut les conserver, dira-t-on, mais alors quel profit peut-on tirer d'une culture que l'industrie du bétail ne
saurait vivifier ? Le poids de la vache suisse est, dans nos
pays, de 250 kilo.

RACES FRANÇAISES.

Races normandes. — La Normandie est certainement une
des provinces de France qui renferme le plus d'animaux,
c'est aussi une de celles où ils reçoivent les soins les plus
intelligents et les mieux entendus. Lorsqu'on voit passer ces
troupes nombreuses de magnifiques animaux de 5 à 6 ans,
on se demande comment ce pays peut tirer, chaque année,
de son sein, une si prodigieuse quantité de sujets. C'est

que nulle part on n'a plus l'entente de ce qui les concerne.

Au lieu de les conserver jusqu'à 10 ou 12 ans, comme dans les autres pays, ici on les renouvelle sans cesse, et on tire du profit à chaque fois. Propriétaires et fermiers, chacun travaille suivant son goût ou sa position, l'un fait les élèves, un autre le beurre, les fromages ou l'engraissement; mais on peut dire que chaque chose est faite avec tout le soin qu'elle exige.

Les principales espèces normandes sont : celle du Cottentin et du pays d'Auge; la première fournit un bœuf énorme, ayant au garrot un mètre 60 de hauteur, et qui arrive aisément au poids de 400 kilo.

Le bœuf du pays d'Auge est plus trapu, plus ramassé, et il ne pèse ordinairement que 550 kilo. La Basse-Normandie élève une quantité prodigieuse de ces animaux.

On les assujettit au joug dès l'âge de 18 mois, ils travaillent ainsi jusqu'à 4 ans : c'est à cet âge, et vers la fin de l'été, qu'on les conduit au marché, par troupes nombreuses; il n'est pas rare d'en voir douze à quinze mille réunis en une seule foire. Presque tous sortent du pays et sont engraissés à une grande distance des lieux où ils sont nés.

La Normandie ne fournit pas seulement des bœufs ; mais c'est encore à ce pays que la Picardie et l'Artois empruntent la presque totalité de leurs graissières, et c'est à elle aussi que les sucreries du Nord vont demander leur contingent.

La vache cottentine a beaucoup de rapport avec la vache de Durham ; comme elle, elle a les os petits, la jambe fine, une très grande quantité de chair et de graisse sous un mince volume, et se nourrit très facilement. De ce type choisi s'est formé une foule de sous-races qui sont plus ou moins fortes, suivant les diverses régions qu'elles habitent, mais qui, toutes, participent plus ou moins de la belle qualité si recherchée dans le pays.

Race flamande. — Cette race, caractérisée habituellement
par la couleur bai-brune, est haute sur jambes, le cou alon-
gé, la tête longue, les cornes relevées et pointues, la poitrine étroite, le rein arqué: le flanc avalé, les fesses grêles,
les mamelles longues et pendantes. Cette race est trèslai-
tière, elle est répandue dans l'Artois et fournit les laiteries
de Paris, jusque dans un rayon assez éloigné. Comme elle
donne beaucoup de lait, on ne la livre à l'engraissement que
le plus tard possible ; Aussi fait-elle une graissière médiocre ;
on en voit la preuve par la vache de Poissy, qui est tout-à-fait
inférieur aux bœufs; tandis que nous avons des normandes
de 4 ans qui leur seraient préférables. Le poids moyen de
la vache flamande est de 250 kil.

Race picarde. — La vache picarde est une dégénérescence
de la vache flamande. C'est à l'infériorité des pâturages et
surtout au défaut de soins que l'on doit de la voir aussi ché-
tive, et dès l'instant qu'on la livre à des soins intelligents
et à une nourriture appropriée, elle se rapproche aussitôt
de son type primitif. Si les formes saillantes et anguleuses
de la vache picarde, la rendent peu propre à l'engraissement ;
d'un autre côté, elle donne une très-grande quantité d'un
lait assez pauvre. En Picardie, on tient beaucoup à cette
quantité, mais si le beurre reste long-temps au bas prix où il
se trouve, on finira par sentir la nécessité de s'attacher à
des bêtes bien conformées qui pourront être livrées à la boucheries dès l'instant qu'il y aurait une intermittence dans le
vêler. Ces bêtes ne sont pas le privilége exclusif des terrains
riches; elles peuvent et doivent être recherchées dans tous
les sols, et elles feront le bénéfice de tous ceux qui en
composeront exclusivement leurs étables.

Les deux espèces suivantes ne nous sont guères connues
que parce que qu'elles fréquentent parfois le marché d'A-
miens, où elles arrivent après avoir été présentées à Poissy.
Nous en allons en donner une courte description.

Race cholette. —Cette race commune à la province d'Anjou, a reçu son nom de l'arrondissement de Cholet où on en élève davantage ; elle est petite, mais parfaitement faite ; la chair en est estimée ; son produit en suif est inférieur à celui des Normands ; leur couleur, toujours la même, est d'un jaune tirant sur le roux et nuancée de noir à l'extrémité vers la queue ; le poil est lisse, la tête est large et courte, les cornes longues, blanches à la base et noires à l'extrémité, l'œil noir et vif, le corps long, le dos horizontal, peu de fanon, la queue attachée bas et enfoncée, les testicules noirs, le cuir léger et souple.

Les bœufs de cette espèce sont meilleurs pour le travail que les cottentins, et ils ne nous arrivent qu'à 7 ou 8 ans. On ne doit pas les juger d'après les échantillons qui sont présentés au marché d'Amiens. Ils sont généralement bien faits, mais médiocres en qualité.

La race bérichonne a beaucoup de rapport avec la précédente, mais elle lui est inférieure, sinon en force, du moins en qualité ; on la reconnaît au pelage plus clair et non nuancé de noir, et aux testicules de la même couleur que le ventre.

Race charolaise. — Le bœuf charolais est plus haut et plus lourd que le précédent ; il a le poil quelquefois rouge, mais plus souvent d'un blanc de lait, la tête courte et cernée, le front large, les cornes grosses, polies, d'une couleur tirant sur le vert, dirigées horizontalement et se relevant un peu en pointes, les yeux vifs et doux, les oreilles velues, le ventre volumineux, les extrémités courtes, les jarrets larges, droits et bien évidés, les allures pesantes et sûres.

Ce bœuf travaille bien et s'engraisse facilement, la chair est de bonne qualité, mais la graisse en est plus molle et plus huileuse que celle du Cottentin.

ACQUISITION.

Le point le plus important dans l'engraissement, c'est le choix convenable des animaux; aussi en les achetant doit-on se poser ces questions : Combien la vache pèse-t-elle aujourd'hui? Quel poids aura-t-elle au moment de la vente? Quel prix présumé obtiendra cette qualité? Combien faudra-t-il dépenser pour la nourriture? Par conséquent, à quelles conditions faudrait-il l'obtenir?

Il est encore important de considérer quels débouchés offrent les environs. On trouve facilement partout la vente de la bête de 200 à 250 kil.; mais passé ce poids on ne trouverait son emploi qu'en ville.

Si rien n'est plus important que de bien acheter, rien aussi n'est plus difficile et plus fait pour rebuter les commerçants. Non seulement il faut bien connaître les animaux et les roueries des marchands, mais il faut être doué d'une forte dose d'activité et de persévérance. Souvent les foires sont éloignées, et cependant il faut les suivre assiduement. Tantôt le cours est plus élevé, tantôt la marchandise est rare et peu convenable, quelquefois on se hâte mal à propos. D'autrefois, fatigué de faire des frais inutiles d'argent et de temps, on finit par faire des emplettes qui ne sont pas à l'abri de tous reproches. En général, les premières foires de chaque saison sont les mieux fournies de bêtes de choix; plus tard on ne trouve plus que les rebuts qui fatiguent les marchés de leur présence.

Heureuses les personnes auxquelles une position favorable permet d'engraisser dans toutes les saisons! celles-là suivent assiduement les marchés et sont toujours prêtes à profiter des variations des cours. Bien souvent aussi, on se tient au moment de la vente, parce qu'on a acheté trop cher; cette nécessité n'existe pas, lorsqu'on trouve à se remplacer à bas prix.

Il est si difficile d'acheter par soi-même, que beaucoup d'engraisseurs ont recours aux marchands pour leur fourniture. Certainement, il n'est pas impossible d'en rencontrer d'honnêtes, mais il est au moins quelques précautions à prendre avec eux. Souvent ils achètent plusieurs bêtes à la fois, et ils essaient de vous faire prendre en même temps les bonnes et les mauvaises. Il est bon, tout en leur donnant sa confiance, de se réserver le droit de rebuter celles qui ne sont pas convenables, dût-on élever le profit ordinaire, qui est de 6 à 10 fr. par tête, mais, même dans ce cas, il est indispensable de connaître soi-même les animaux.

Nous allons essayer, dans les chapitres suivants, de mettre nos lecteurs à même d'acquérir cette connaissance.

MANIEMENTS.

Il existe, dans la bête de boucherie, certaines parties où la graisse s'accumule plus spécialement. Manier, c'est s'assurer, par le tact, de l'état de ces parties, et apprécier par là l'animal dans son entier. La connaissance intime des maniements constitue la science du boucher, par là il sait la quantité de chair, de graisse, de peau, la qualité de la viande et finalement le poids de l'animal, et par conséquent le prix exact de la marchandise ; chez lui ce tact atteint un rare degré de perfection, et on ne saurait s'en étonner, puisque son intérêt en dépend, et qu'il a continuellement l'occasion, par la tuerie, de redresser les erreurs qu'il a pu commettre.

Cette connaissance est également indispensable aux engraisseurs, 1° afin de pouvoir bien acheter ; 2° afin de suivre les progrès de l'engraissement et de varier la nourriture, suivant l'état où se trouvent les animaux ; 5° afin de ne pas surfaire la marchandise au moment de la vente, ni se laisser duper par les bouchers.

2

1° Il est indispensable de manier l'animal qu'on achète, afin de constater l'état présent dans lequel il se trouve et celui qu'il est susceptible de prendre. Dès ce moment une main exercée peut facilement apprécier la quantité de graisse dont chaque partie se doit revêtir, et la qualité que la bête pourra acquérir. Le propre d'une bête bien construite est de se manier également bien partout; il est des animaux mal faits, dont les maniements sont toujours irréguliers; ces animaux font le profit des bouchers qui glissent sur les bons endroits et appuient sur les parties défectueuses.

2° Il est essentiel de suivre à l'aide des maniements, les progrès de l'engraissement, afin de savoir si on activera ou ralentira l'alimentation, afin d'arriver au moment voulu. On connaîtra aussi, de cette manière, les aliments qui conviennent au tempéramment de l'animal. Si la bête est molle, lymphatique, il faudra employer les aliments chauds, qui donnent du ton. Si la bête est très échauffée, et qu'il y ait à craindre un coup de sang, on le préviendra en donnant une nourriture rafraîchissante.

3° Rien ne serait plus utile aux bouchers eux-mêmes, que de rencontrer des vendeurs qui sussent bien apprécier la marchandise. Sans doute ils n'ont pas ainsi la chance de faire d'excellents marchés, mais au moins sont-ils sûrs de se procurer facilement de la marchandise au cours du moment. C'est de cette manière que j'avais compris la boucherie par actions, et je pensais que donner aux cultivateurs la connaissance de tout ce qui concerne les bêtes grasses, c'était leur rendre un service éminent. Rien n'est plus décourageant que les ventes à vil prix; mais si on savait toujours apprécier complètement le rendement de sa marchandise, rien n'empêcherait de la faire abattre pour son propre compte.

Il y a des maniements simples, c'est-à-dire qui se prennent en une seule fois, et des maniements doubles qui se prennent des deux côtés de l'animal ; il est très utile de vérifier ces derniers des deux côtés, car ils peuvent être meilleurs d'un côté que de l'autre. Ainsi on remarque que le côté de la muraille et celui où la vache se couche habituellement sont les meilleurs.

On peut manier une vache de plusieurs manières. Nous allons indiquer l'ordre que nous trouvons le plus naturel. (*)

1° *Le garrot.* — Lorsque vous arrivez sur une vache, vous posez la main gauche sur le garrot, vous en appréciez l'ampleur, et passant la main le long de l'échine, vous mesurez la largeur et la quantité plus ou moins grande de chair dont elle est revêtue. Cette partie prend plus ou moins de développement, selon que la vache est plus jeune et mieux conformée. Elle devient énorme dans les vaches de Durham et même dans les cottentines.

On dit alors que la vache est bien dossée. Ce maniement a peu d'importance pour la graisse, car il en est (la picarde surtout) qui sont toujours mal dossées ; mais il contribue à fixer sur le poids attribué à l'animal.

2° *Les iliers.* — Pendant ce temps la main droite palpe les iliers : on appelle ainsi un cordon contenu dans la membrane qui lie le ventre à la cuisse ; ce cordon, qui forme un bourrelet apparent, est susceptible de prendre un grand développement, non seulement il faut à ce maniement une certaine grosseur, mais aussi et principalement de la consistance, autrement la mollesse de cette partie dénoterait la mollesse entière des chairs, ce qui, non seulement influe directement sur la qualité, mais encore, et par contre, sur le poids.

3° *Le cimier.* — La peau qui recouvre les os du bassin

(*) Nous conserverons, comme plus utiles, les termes employés dans le commerce.

contient une glande peu apparente dans la bête maigre; mais qui prend un tel volume avec l'engraissement, que la queue peut, à la longue, être entièrement enclose. Pour bien ap-précier ce maniement, il faut ramener les deux extrémités entre les doigts; ce maniement doit joindre la consistance au volume. De même que les iliers, il sert à connaître la santé de l'animal.

4° *La brelle.* — On appelle ainsi un vaisseau placé entre les deux cuisses, immédiatement au-dessus des mamelles. Ce maniement ne se présente que tard; il peut, en se dé-veloppant, faire saillie au dehors; il est quelquefois plus gros que le bras; il indique une vache finement grais-sée.

5° *Le travers.* — On appelle ainsi les fausses côtes qui par-tent de l'échine et se terminent au flanc. Ce maniement se prend en dessus et en dessous. Le dessus indique si la chappe du dos sera belle, c'est-à-dire si elle sera recou-verte d'une suffisante couche de graisse. Le dessous fait pressentir l'état intérieur, la graisse attachée aux rognons et jusqu'à la beauté du filet. On voit par là toute l'impor-tance de ce maniement. La bête qui est bonne dans ses tra-vers est ordinairement fine, elle supporte bien la fatigue, la diète, le déplacement; aussi a-t-on consacré cette im-portance par ce dicton trivial : « Une bête qui a de bons tra-» vers ne laisse jamais le boucher par derrière. »

6° *Les côtes.* — Du travers, la main passe aux côtes; elle en constate la largeur et elle s'assure, en les pinçant, de la quantité de graisse dont elles sont revêtues. Lorsque la bête est très grasse, de petites bosses apparaissent sur les côtes et font saillie; à la vue de ces proéminences, on peut, sans crainte, déclarer que la vache est finement graissée.

7° *Les pallerons.* — Des côtes, la main passe aux palle-rons, qui sont deux veines placées parallèlement en arrière de l'épaule, et qui serpentent de haut en bas. Il y a le

palleron proprement dit, et l'arrière-palleron. Ces maniements sont les plus difficiles à saisir; mais aussi ils sont
très importants. En général, une vache bien dossée a de
beaux pallerons, bien qu'il n'y ait pas toujours entre ces
deux points une corrélation absolue. Les bouchers disent :
«Vache qui a de beaux pallerons rapporte profit à la maison.»

8° *Veine de l'épaule.* — Cette veine, qui se cache dans le
pli et en avant de l'épaule, est difficile à saisir, mais on
y parvient en inclinant la tête du côté que l'on veut manier. C'est vers le milieu qu'il faut porter toute son attention ;
ce maniement est susceptible de devenir très volumineux.

9° *La poitrine.* — De l'épaule, la main passe à la poitrine, il faut d'abord s'assurer du développement de cette
partie d'où dépend principalement le poids ; puis, faisant
glisser la peau qui recouvre la partie osseuse, on s'assure
de la quantité de graisse qui y est incluse. Il faut qu'elle
joigne au volume la consistance. Cette pelote de graisse
prend des proportions énormes dans la bête de Durham. Il
n'est pas rare d'en voir dont la poitrine descend jusqu'à terre.

On essaie de tirer de l'état de la poitrine une certaine in-
duction pour la quantité de suif que la bête contiendra ;
mais le suif ne se traduit au dehors par aucun signe certain. En général, il résulte du temps qu'a duré l'engraissement et de l'état dans lequel les bêtes ont été primitivement
entretenues ; on peut aussi en conjecturer la quantité, suivant l'âge, l'espèce et l'alimentation des animaux ; mais rien
de précis n'existe à cet égard.

En prolongeant la main entre les jambes, on rencontre un
cordon qui précède la poitrine, et qui est souvent assez bon
dans les vaches où la poitrine fait défaut.

10° *Les avant-lait.* — En avant des mamelles jusqu'au
nombril se trouvent deux canaux parallèles dont l'ampleur
indique une vache laitière : dans l'engraissement, ce maniement prend un assez fort développement; il est presque tou-

ours le meilleur des bêtes flamandes et picardes ; il indique souvent que la bête a du dedans.

Outre ces maniements, il en existe encore d'autres moins importants ; mais ceux-ci suffisent pour apprécier complètement les bœufs et les vaches. Il va sans dire qu'en même temps qu'on manie les bêtes, on s'assure également de la nature de la peau. On préfère avec raison les cuirs d'une épaisseur moyenne : ceux qui sont très épais dénotent un animal difficile à engraisser, et les cuirs très fins, une bête délicate. Il faut, en outre, que la peau soit souple et détachée; longtemps les bouchers ont préféré un kilo de cuir à un kilo de viande ; mais maintenant que les cours sont tombés à 60 ou 65 centimes, la même raison n'existe plus.

PRÉCAUTIONS NÉCESSAIRES DANS L'ACQUISITION.

Après avoir manié une vache, on peut apprécier sa longueur en la mesurant avec les bras, depuis l'origine de la queue jusqu'au garrot ; il reste à connaître sa force, sa carrure, son *humeur ;* pour cela, il faut l'isoler des autres, qui la font paraître plus grosse ou plus petite qu'elle n'est effectivement ; la faire marcher, afin de vérifier ses allures et sa vivacité. Il faut aussi se méfier des petites étables et des petites cours qui trompent sur le volume des animaux. La prudence veut qu'on les fasse sortir des étables ; il en est qui y paraissent beaucoup mieux ; d'autres, au contraire, lorsqu'ils sont sortis ; en les voyant des deux manières, on prend le milieu entre les appréciations. On doit également se garder d'acheter des animaux à la lumière, et pour tout dire, on doit faire la plus grande attention à toutes les circonstances accessoires au milieu desquelles les animaux se trouvent placés.

RÉSUMÉ DES CHAPITRES PRÉCÉDENTS.

Nous avons vu comment, à l'aide des maniements, on pourra

connaître l'état de la vache graissière, suivre ses progrès
et ses moments de stagnation, apprécier la qualité qu'elle
pourra obtenir et le temps nécessaire pour l'engraissement.
Ces questions, auxquelles l'acquéreur doit répondre instantanément, nous allons les réduire en chiffres et les rendre
palpables.

Nous voici en face d'une vache de 4 ans, admira-
blement conformée, déjà assez avancée, et qui doit
fournir à la mort un poids de 250 kil. ; sa viande
sera de première qualité ; elle peut être évaluée à
1 fr. le kil. — Total. . . . . 250 fr.
   Combien mettra-t-elle de temps à acquérir ce poids
et cette qualité ? 90 jours comptés à 1 fr. par jour. .   90
   Par conséquent, en achetant cette vache. 160
                               —————
elle remboursera la totalité de sa dépense 250

Nous venons en présence d'une vache de 9 ans, de
conformation ordinaire, ayant peu de chair, mais
naturelle. Cette vache pesera à la mort 250 kil. ;
mais comme sa viande ne sera que de deuxième qualité, évaluée à 90 c. 225
elle mettra 110 jours à engraisser à 1 fr. par jour. . 110
   Pour obtenir intégralement le prix de sa dépense,
on ne devra l'acheter que 115
                               —————
                        Total 225

Je rencontre une bête de 12 ans, mal construite,
mais l'*humeur bonne ;* elle pèsera à la mort 250 kil. ;
mais en troisième qualité, à 80 c. 200
   Elle mettra 130 jours à engraisser, à 1 fr. 130
   Pour qu'elle paie sa dépense, il ne faudrait l'a-
cheter que 70
                               —————
                        Total 200

Ainsi la vache qui, au premier moment, paraît très chère, est évidemment la meilleur marché ; que sera-ce donc, si nous posons en principe, que tandis qu'elle sera très bien nourrie avec 1 fr. par jour, la seconde aura besoin d'une ration de 1 fr. 20 c., et la troisième de 1 fr. 50 c. ; qu'en outre, pour la première, on aura affaire aux bouchers de première classe, qui paient comptant ; pour la seconde, aux bouchers de village, et pour la troisième, à une classe d'acquéreurs qui paient très difficilement.

En prenant ces calculs dans leur acception la plus rigoureuse, et en les vérifiant à l'aide d'une pratique intelligente, on se convaincra que, non seulement on doit toujours acheter des bêtes de choix, mais encore que l'on doit s'abstenir d'engraisser les mauvaises, même si on vous en faisait présent. Nous avons essayé de signaler tous les écueils que l'on est exposé à rencontrer dans l'acquisition ; dans une partie aussi conjecturale, il y aura toujours une grande place pour l'erreur. Nous espérons, néanmoins, que ces conseils suffiront pour mettre sur la voie les engraisseurs inexpérimentés.

PRÉPARATION A L'ENGRAISSEMENT.

Il est diverses manières de préparer les vaches à l'engraissement, suivant l'état et la position où elles se trouvent. Ces précautions ont une grande importance, au moment où il s'agit de faire passer les bêtes d'un extrême à l'autre. Souvent la réussite de l'engraissement y est attachée, et c'est faute de les avoir prises, que l'on est exposé aux accidents qui sont tant à redouter.

En général, les graissières donnent encore du lait lorsqu'on les achète ; il est même avantageux qu'il en soit ainsi, car le lait provient du sang, et à mesure que le lait tarit, il converge au profit de l'engraissement ; mais, pour tarir ce lait, il est parfois de grandes difficultés, surtout dans les vaches très laitières.

Si la vache a un peu d'état, et qu'elle doive être mise à l'auge immédiatement, il est bon de profiter du changement d'étable, de la fatigue du marché, pour la couper de lait. Une diète sévère, une traite incomplète et irrégulière, pourront suffire. Si, cependant, au bout de quinze jours, le lait était encore abondant, on pourrait le faire passer en entonnant à la vache, pendant trois jours, un litre d'eau salée. Il est peu de vaches rebelles à ce remède, surtout si la diète est strictement observée.

Si, au contraire, la vache est excessivement maigre (ce qui est toujours très facheux), il vaudrait mieux la remettre en lui conservant son lait. Dans ce cas, on ne la tirerait qu'une fois le jour, et on attendrait qu'elle fût tout à fait reprise pour la couper de lait et la mettre à l'auge.

DE LA SAIGNÉE.

C'est ici le cas d'apprécier l'usage de la saignée dans l'engraissement, puisque c'est surtout au moment de l'arrivée de la vache, et pour la coupe de lait, que cette opération est pratiquée. Hors le cas de nécessité absolue, je suis, je l'avoue, entièrement opposé à la saignée ; elle amollit les chairs, retarde la formation du suif, et surtout elle prédispose aux coups de sang. En effet, si dans l'état ordinaire le sang se reforme avec une extrême promptitude, à plus forte raison dans l'engraissement, vous êtes obligé de rapprocher continuellement l'opération, autrement le coup de sang que vous voulez prévenir est toujours imminent, et j'ai vu des vaches en mourir quelques jours après une ample saignée. Il vaut mieux soigner constamment l'hygiène des animaux de façon à ce que la saignée ne soit jamais nécessaire.

Il est cependant une exception à cette règle, en faveur des vaches taurillières ; on doit se garder de ces sortes de bêtes dont la chair est médiocre et la vente toujours difficile ;

mais lorsqu'on les a, on peut en tirer parti : 1° en les mettant dans une étable sombre et isolée ; 2° en les tenant à
un régime très rafraîchissant ; 5° en les saignant toutes les
trois semaines ; 4° en n'entrant que deux fois par jour dans
leur étable, et en ne permettant à personne de les manier
avant la vente.

STABULATION.

La disposition générale des étables et leur distribution
intérieure contribueront beaucoup à entretenir la santé des
animaux et à faciliter le service.

La construction des étables doit être en rapport avec l'industrie à laquelle on s'adonne. Tandis que la production du
lait et l'engraissement d'été réclament des étables spacieuses
et aérées, l'engraissement d'hiver exige des étables basses,
chaudes et peu éclairées. Les portes ne doivent s'ouvrir qu'à
de rares intervalles, et seulement pour renouveler l'air. Les
bêtes à l'engrais s'accommodent fort bien d'une chaleur continue de 20 à 25 degrés ; elles souffrent un peu dans le
commencement, mais elles s'y habituent bientôt. Cette at-
mosphère élevée ouvre leurs pores et les prédispose à l'engraissement, leur poil devient luisant et souple, et il résulte
de cette méthode une économie de près d'un cinquième dans
la nourriture. On prétend que les bêtes soumises à ce régime ont peu de suif ; s'il en était ainsi, il ne faudrait l'attribuer qu'à ce que les vaches sont engraissées beaucoup
plus vite, mais non pas à la chaleur elle-même.

Il est nécessaire que les étables soient pourvues d'auges
dallées pour recevoir les aliments, et si ces aliments étaient
liquides, il serait bon que les auges fussent à fond arrondi.
Elles seront entretenues très propres et lavées une fois par
jour, afin d'éviter qu'elles ne contractent d'odeur. Autrement
les vaches se dégoûtent, et on a toutes les peines du monde à
les remettre en appétit.

Les auges devront être surmontées d'un ratelier droit qui recevra la paille de blé ou d'avoine. Il est toujours bon de la présenter aux bêtes avant de la mettre en litière; on voit des animaux refuser des aliments délicats et fourrager la paille.

Les vaches devront être attachées par le cou avec des chaînes, et séparées par des stalles au moins de deux en deux. Lorsqu'on accouple ainsi les bêtes, il faut veiller à ce qu'elles soient, autant que possible, d'égale force, afin que l'une n'affame pas l'autre; on préfère, avec raison, l'isolement complet, mais il exige un emplacement très considérable.

La propreté est une condition indispensable de réussite; elle est rendue bien plus facile, lorsque les étables sont pavées, sauf la devanture des auges, et qu'une pente de trois centimètres par mètre y est établie, afin de favoriser l'écoulement des urines; un ruisseau les reçoit et les conduit à un réservoir communiquant avec la fosse à fumier; une litière abondante doit y être constamment entretenue.

Il est des personnes qui conseillent d'étriller les vaches à l'engrais; je crois cette pratique mauvaise, puisqu'il suffit de manier fréquemment une vache pour empêcher l'engraissement. Le pansement à l'aide d'un bouchon de paille est préférable.

La distribution des aliments doit être régulière; les bêtes s'habituent à recevoir leur ration aux mêmes heures, leur estomac s'y façonne; elles souffrent et s'inquiètent lorsqu'on change l'heure ordinaire de leurs repas. Aussitôt après avoir mangé, elles se couchent et digèrent à leur aise; aussi, dans les grandes exploitations a-t-on pour règle de ne donner que deux repas par jour, pendant lesquels on fait les étables; de cette façon, les bêtes sont longtemps tranquilles, et on a une très grande facilité pour disposer la nourriture.

Le ménager suit un système tout opposé : sans cesse occupé de sa vache, il lui donne à manger d'heure en heure et par petites portions ; mais ce qui réussit en petit ne serait pas praticable en grand.

DES ALIMENTS.

La nature a mis à notre disposition un grand nombre de substances qui peuvent servir à l'alimentation et à l'engraissement des animaux ; mais leur valeur nutritive est très différente. Tandis que les unes renferment, sous un faible volume, une grande puissance, les autres ne font d'effet autant que la quantité supplée à la qualité. L'engraisseur habile sait tirer parti de tout, en employant chaque chose dans un ordre et sous une forme convenables.

L'obésité est un état exceptionnel et presque maladif ; pour y amener l'animal, il faut lui faire prendre, dans le plus court espace de temps possible, une grande quantité d'aliments ; pour cela, il s'agit de sur-exciter son appétit en lui offrant une grande diversité de mets qui le tiennent sans cesse en éveil, sans engendrer la satiété.

En commençant l'engraissement, l'animal peu affriandé, dévore tout ce qu'on lui présente ; c'est le moment de lui donner en abondance des aliments communs et peu substantiels ; mais à mesure qu'il se rassasie, il devient plus difficile. il lui faut une nourriture plus soignée sous un moindre volume. La logique est d'accord en ceci avec la pratique, et si l'engraissement est très prolongé, l'animal finira par se contenter de quelques kilos de farine ou de pain.

Mais pour employer avec succès et économie les divers aliments, il serait très précieux de connaître, au moins approximativement, la valeur nutritive de chacun d'eux, afin de savoir à quel prix reviendrait leur emploi.

Malheureusement, cette recherche est entourée de difficultés : plusieurs auteurs en réputation ont dressé des classifications qui diffèrent totalement ; on ne saurait s'en étonner, lorsqu'on considère les différences qui existent entre les mêmes produits d'un royaume, d'un département, d'une commune, suivant le climat, le terrain, l'amendement, la maturité et les circonstances atmosphériques qui ont présidé à la récolte. La chimie elle-même est impuissante ; car, parvint-elle à analyser exactement la valeur nutritive des aliments, il n'en serait pas moins démontré que, tandis que certains animaux s'assimilent les aliments tout entiers, il en est d'autres qui n'en utilisent qu'une très minime partie.

D'un autre côté, l'engraisseur ne peut que difficilement apprécier cette valeur sur les bêtes qu'il engraisse. Il est imprudent de nourrir un animal avec une seule chose, et mettrait-on plusieurs bêtes à la fois à une nourriture différente, que le succès ou l'insuccès de l'engraissement pourrait tenir plutôt aux dispositions de l'animal, qu'à la nourriture elle-même.

La bascule peut sans doute rendre de grands services à cet égard ; mais, ces opérations sont bien délicates, car la nourriture n'agit pas instantanément, et le poids trouvé le lendemain d'un changement de nourriture, peut aussi bien être attribué au défaut de digestion, qu'à la nourriture elle-même. Ainsi, vous donnez tout-à-coup une nourriture abondante à une bête très maigre, elle fait du sang, mais son poids de viande n'est pas sensiblement augmenté. De même, si vous faites observer à une vache bien partie deux ou trois jours de diète, elle ne continuera pas moins d'augmenter même sans recevoir d'aliments. On est donc forcé de s'en tenir au champ toujours assez vaste des conjectures.

Laissant de côté ces tableaux, nous avons préféré nous en rapporter à notre propre expérience et à celle des cultivateurs qui ont expérimenté sous nos yeux. Du reste, on le conçoit, ces données peuvent être réformées par un chacun, suivant les éléments particuliers à son sol ; il en est de même des prix, qui varient continuellement, et dont nous avons voulu seulement donner une moyenne approximative.

Nous avons pris, pour point de départ de notre échelle comparative, le froment qui, à la vérité, n'est donné qu'exceptionnellement ; mais dont la valeur nutritive est à peu près la même partout, surtout si on la régularise à l'aide du poids. Nous avons cru devoir lui donner la préférence sur le foin dont on se sert habituellement, bien que ce soit la chose la plus variable du monde.

Nous avons pris, pour chaque sorte d'aliments, la quantité nécessaire, pour un jour, à la nourriture d'une vache de 200 à 250 kil. Cette quantité correspond à une augmentation d'un 1|2 kil. en viande nette, et à un accroissement d'une valeur égale, soit sur les issues, soit sur la qualité de la chair qui passe insensiblement de la quatrième qualité à la première, soit 80 c. à 1 fr. par jour. Il est bien entendu cependant que la valeur nutritive attribuée n'est exacte que relativement au moment où elle est employée ; ainsi, pour en donner un exemple pris dans les extrêmes, une vache à son début emploiera fructueusement 65 kil. de topinambours qui seraient donnés en pure perte à la fin de l'engraissement ; de même, 5 kil. de froment ou 4 kil. de pain, qui suffisaient parfaitement au bœuf, depuis deux ans en graisse, de M. de la Houplière, feraient très peu d'effet sur une bête au commencement de l'engraissement.

VALEUR NUTRITIVE DES ALIMENTS.

Les aliments ont par eux-mêmes une valeur nutritive propre, suivant la catégorie à laquelle ils appartiennent. Ils peuvent aussi acquérir une valeur plus grande, ou en perdre, suivant les préparations qu'ils reçoivent. Il est des substances telles que les pains d'huile auxquelles une puissance assez grande est attribuée, mais qui ne réalisent pas l'effet qu'on s'en promet à cause du peu de loyauté qui préside à leur fabrication. Nous allons passer successivement en revue les aliments. Nous les diviserons en cinq catégories : 1° les graines ; 2° les tourteaux ; 3° les légumes ; 4° les fourrages ; 5° les produits des industries , tels que la pulpe, la drêche, les résidus des distilleries.

1° LE GRAIN.

Le grain est la meilleure nourriture que l'on puisse donner aux animaux.

On reconnaîtra toujours ceux qui ont été engraissés de cette manière, soit à la fermeté de la chair, soit à leur aptitude à supporter la fatigue du voyage qui précède l'abattoir et la diète austère qui suit l'arrivée.

On peut donner le grain de plusieurs manières, il sera plus ou moins profitable, suivant la méthode employée. Les vaches digèrent mal le grain donné en provende, et elles le rejettent presqu'entièrement dans le fumier ; à la vérité, les porcs et les volailles en font leur profit ; mais un cultivateur soigneux souffre en voyant ainsi retourner son fumier, et il n'aime pas à perdre le meilleur de sa nourriture.

Les animaux digèrent beaucoup mieux le grain, lorsqu'il est enveloppé de sa balle : ainsi on peut donner, avec avantage, des épis de blé et d'avoine, des lentilles ou des warats ; mais ce mode entraîne des inconvénients, outre qu'on n'est jamais bien sûr de ce que l'on donne, il reste toujours du grain perdu dans les auges. Le grain cuit et surtout la mouture sont bien préférables.

Le grain cuit sur le feu ou à la vapeur, ou seulement gonflé dans l'eau, réussit bien aux vaches qui le digèrent entièrement ; mais, donné de cette manière, il n'est pas divisé et ne peut contribuer à l'amélioration d'autres aliments avec lesquels il serait mélangé.

C'est donc en mouture, ou au moins grossièrement concassé, que le grain est le plus avantageux. De cette façon, rien n'est perdu, les animaux le mangent avidement, soit que, mêlé aux légumes, il leur enlève leur crudité, soit que, donné en breuvage, il serve à rendre les autres aliments plus appétissants. C'est de cette manière que nous le considérerons ; malheureusement, pour réduire le grain en mouture, on est ordinairement obligé d'en passer par les mains des meuniers, qui s'approprient le meilleur de la farine, et déguisent leur larcin, en rendant des matières étrangères. Le cultivateur peut regretter de ne pouvoir moudre son blé lui-même ; mais il serait bien préférable d'arriver à concasser grossièrement le grain destiné aux animaux.

Espérons que l'on pourra bientôt se procurer, à des prix réduits, des concasseurs solides et faciles à manœuvrer.

VALEUR NUTRITIVE DES GRAINS.

	Poids de l'hect.	Son prix moyen.	Prix du kil.	Quantité par jour.	Taux de revient.
Blé froment...	150	15 fr.	20 c.	5 kil.	1 fr. » c.
Féverolles....	160	13	8	7	» 56
Lentilles......	165	14	8 1|2	8	» 88
Bisailles......	170	10	6	10	» 60
Escourgeon...	130	10	8	12	» 96
Seigle........	135	10	7 1|2	13	» 97
Pamelle......	110	8	7	14	» 98
Sarrasin......	100	7	7	16	1 12
Criblures de blé	90	6	6 1|2	17	1 5
Avoine.......	80	5	6	18	1 8

2° LES TOURTEAUX.

Les graines oléagineuses fournissent un excellent résidu appelé pains d'huile ou tourteaux. Leur faculté nutritive diffère en raison de la graine qui les a produits ; ainsi, le lin fournit le meilleur résidu ; après lui, vient la caméline, surtout pour les moutons ; le colza et l'œillette suivent de loin. Malheureusement, la fraude qui envahit tous les commerces, ne permet guère d'avoir les tourteaux à l'état de pureté, ils sont presque toujours mélangés avec des substances étrangères, ou, au moins, les meilleurs sont viciés par les plus médiocres. Pour obvier à cet inconvénient, on a essayé de remplacer les tourteaux par la graine à l'état naturel ; mais pour qu'elle produise son effet, on est obligé de la faire bouillir, et cette opération offre de grandes difficultés, l'huile qui y abonde communiquant à l'eau une prompte et dangereuse effervescence ; cette méthode, toutefois, est grandement employée en Angleterre.

Les tourteaux sont à la fois toniques et émollients, et il est difficile de terminer l'engraissement sans leur secours. On les donne de plusieurs manières ; les uns les concassent et les distribuent en provende, d'autres les font dissoudre sur le feu ou simplement dans l'eau ; mais leur emploi le plus utile est pour la confection des soupes économiques, dans lesquelles ils jouent un très grand rôle, en servant à assaisonner des aliments que les animaux eussent délaissés.

Non seulement les tourteaux sont une excellente nourriture, mais ils sont encore un engrais précieux ; aussi les Flamands en font-ils un très grand usage, ils en répandent sur leurs champs des quantités qui nous semblent incroyables. Leurs terres, enrichies de longue main, leur rendent, avec usure, ces avances. Je ne sais si les nôtres, qui sont si en retard, pourraient être soumises, avec avantage, à un pareil régime ; mais rien ne nous empêche de donner des tourteaux aux animaux, en passant par leurs corps ils conservent toutes leurs propriétés améliorantes et ils les communiquent à la paille. Les Normands ne se trompent jamais sur la qualité d'un fumier, et reconnaissent, à l'odeur, s'il est entré du tourteau dans la nourriture.

3

TABLEAU DES TOURTEAUX.

	Prix les 100 kil.	Prix du kil.	Quantité par jour.	Taux de revient.
Tourteaux de lin	25 fr.	25 c.	4 kil.	1 f. »» c.
Id. de caméline.	18	18	6	1 8
Id. d'œillette . . .	12	12	8	» 96
Id. de colza	11	11	9	» 99

5° LES LÉGUMES.

Les légumes, autrefois circonscrits aux jardins, sont maintenant cultivés en grand dans les champs, et ils occupent une grande place dans les assolements modernes. Non seulement ils permettent d'entretenir beaucoup de bestiaux, mais ils forment la principale base de l'engraissement. Avant d'arriver à ce résultat, les légumes ont eu bien des préjugés à vaincre, et il n'est pas rare encore de trouver des personnes qui admettent que les légumes augmentent la quantité de lait, mais en faisant maigrir les vaches.

J'ai souvent cherché les raisons de cette opinion, et je crois que ce sont les suivantes : premièrement, il est un certain nombre de personnes qui, ayant donné des carottes ou des betteraves jusqu'au 1er mars, ont épuisé leur provision, au moment où les fourrages perdent de leur saveur et lorsque les animaux, pressentant l'herbe, deviennent friands et difficiles à nourrir; est-ce le moment de diminuer la nourriture quand tout prescrit de l'augmenter?

Secondement, quelle quantité de légumes ces mêmes personnes donnent-elles à leurs vaches? Souvent 10 à 15 k. Eh

bien ! nous avons établi plus haut que les vaches prêtes à vêler, ou fraîches vêlées coûtaient à nourrir à peu près autant
que les bêtes à l'engrais ; c'est donc 40 ou 50 kilos par
jour qu'il faut pour avoir un lait abondant et maintenir la
vache en bon état. On ne saurait donc s'étonner qu'une vache
se maintînt difficilement, lorsqu'on ne donne que le tiers ou
le quart de la ration nécessaire.

Mais, dira-t-on, puisque les légumes sont si peu nourrissants, pourquoi les cultiver ? C'est parce que rien, dans la
culture, ne pourrait permettre de nourrir autant d'animaux.
En effet, il n'est pas rare de récolter cinquante mille kilos de
légumes dans un hectare ; en mettant que pour engraisser
une vache il en faille cinq à six mille kil., ce serait encore
huit à dix vaches que cet hectare permettrait d'engraisser,
c'est-à-dire le double d'un hectare d'avoine, de pamelle ou
de foin.

L'engraissement avec les légumes seuls ne fournit pas ordinairement de la viande de première qualité ; presque toujours les viandes sont molles, le suif peu considérable et les
bêtes perdent beaucoup dans le déplacement ; mais aussi rien
n'oblige à n'engraisser qu'avec des légumes, surtout dans
des années comme celles-ci, où à peine les bêtes bien engraissées trouvent à se placer. Rien n'est plus facile que de
terminer l'engraissement avec un cent de tourteaux, ou un
double hectolitre de bisailles dont on se trouverait ample-
ment indemnisé.

On donne les légumes cuits ou crus. De nombreuses expériences prouvent que la pomme de terre gagne beaucoup
à la cuisson ; elle perd par là une eau de végétation qui
paraît plus nuisible qu'utile aux animaux ; mais il n'en est
pas de même des carottes et des betteraves ; c'est à peine
si le bénéfice équivaudrait aux frais nécessités par cette
préparation.

TABLEAU DES LÉGUMES.

	Prix moyen des 100 k.	Prix du kil.	Quantité par jour.	Prix de revient.
Pommes de terre cuites.	18 fr.	3 c. 3/5	25 kil.	» f. 90 c.
Id. crues..	18	3 3/5	30	1 8
Rutabagas............	13	2 3/5	35	» 91
Carottes jaunes........	12	2 2/5	38	» 91
Id. blanches anciennes	11	2 1/5	40	» 88
Carottes à collets verts.	10	2 »	45	» 90
Betteraves de Silésie ...	9	1 4/5	50	» 90
Id. rouges......	8	1 3/5	55	» 88
Navets d'Alsace.	6	1 1/5	60	» 72
Topinambours.........	5	1 »	65	» 65

4° FOURRAGES.

Sous cette dénomination commune de fourrages, nous comprendrons la totalité des récoltes qui sont liées en bottes et données ainsi aux animaux. Il en existe deux catégories bien distinctes : l'une, comprenant les fourrages proprement dits, venant des prairies naturelles ou artificielles ; l'autre, formée des warats ou fourrages en grains : rien n'est plus variable en qualité que les uns ou les autres, suivant les diverses circonstances au milieu desquelles se sont accomplies leur maturité et leur récolte. C'est au point, que les fourrages ordinairement les plus inférieurs, pourront être préférables à ceux réputés les meilleurs, si les premiers ont rencontré un temps favorable qui a manqué aux autres.

Les bêtes à l'engrais se dégoûtent facilement du fourrage, même du meilleur, et elles en gaspillent une grande quantité. D'un autre côté, il en est qu'elles rebutent, parce qu'ils ont été avariés par la pluie. Ces diverses raisons ont fait recourir à la méthode des soupes économiques ; de cette façon, les fourrages hachés sont confondus ensemble, et tous, même les plus avariés, sont utilisés avec profit ; aussi, cette méthode, originaire d'Allemagne, tend-elle à se répandre, et je ne saurais trop la recommander.

VALEUR NUTRITIVE DES FOURRAGES.

	Prix de 500 kil.	Prix du kil.		Quantité par jour.	Prix de revient.	
Lentilles mêlées de seigle	30 fr.	6 c.	»	15 kil.	» f. 90 c.	
Warats d'hyvernage....	25	5	»	18	»	90
Sainfoin à une coupe...	25	5	»	18	»	90
Sainfoin chaud de première coupe	22	4	1/2	20	»	90
Bisailles d'été	22	4	1/2	20	»	90
Vesce d'été	21	4	1/5	22	»	92 1/2
Luzerne première coupe	21	4	1/5	22	»	92 1/2
Foin de 1re qualité	20	4	»	22	»	88
Trèfle première coupe	19	3	4/5	24	»	91
Lupuline	16	3	1 5	26	»	83
Foin de marais	16	3	1/5	28	»	90
Luzerne de 2e coupe....	16	3	1/5	30	»	96
Trèfle de 2e coupe	14	2	4/5	32	»	90
Sainfoin en graine	12	2	2/5	34	»	80
Regain de foin	12	2	2/5	34	»	80
Minette battue	10	2	»	38	»	76
Trèfle anglais	10	2	»	40	»	80
Paille de blé	12	2	35	45	1	17
Paille de seigle	15	3	»	50	1	50
Paille d'avoine	9	2	»	55	1	10
Paille de pamelle	8	1	4/5	60	1	8

5° PULPE, DRÊCHE, RÉSIDU DES DISTILLERIES.

C'est une chose bien avantageuse pour un cultivateur, que de pouvoir ajouter à son exploitation une industrie qui lui vienne en aide. Les grains, les légumes, livrent au commerce leurs matières sucrées ou alcooliques, et leurs résidus fournissent ensuite une nourriture abondante et à bas prix. Cette heureuse position est le privilége exclusif des grandes cultures, et jusqu'ici les tentatives de la science, pour étendre aux cultures moyennes ces accessoires industriels, ont été infructueuses. En attendant ces progrès si désirables, servons-nous des moyens qui sont à notre portée; utilisons la drèche, la pulpe ou les résidus de distilleries, si nous pouvons nous les procurer.

Drèche. — On appelle ainsi le résidu de l'orge, de l'avoine, qui ont servi à la confection de la bière. Ce produit coûte un franc l'hectolitre, en sortant de la brasserie. Encore tout humide, l'hectolitre pèse environ 80 kil. Ce produit se conserve facilement l'hiver; mais on ne peut le conserver l'été, qu'en le comprimant fortement et en mettant une couche de sel d'un centimètre sur chaque couche de douze centimètres, C'est ainsi que fait M. Moisan, à la laiterie-modèle du boulevard Longueville.

La drèche se mêle avec avantage aux légumes, à la mouture, au son, aux fourrages hachés et aux tourteaux lorsqu'on veut produire de la graisse. On en fait un grand usage dans les faubourgs; on pourrait faire, par ce moyen, des bêtes assez fines; mais, d'une part, le faubourien tient au lait beaucoup plus qu'à la graisse, et il a hâte de se débarrasser de sa vache; d'autre part, la bête propre au lait est presque toujours vieille, mal construite, et trahit par ses formes anguleuses, son origine picarde. Aussi se prête-t-elle difficilement à faire de la marchandise de choix.

Pulpe. — Les betteraves pressées pour en extraire le sucre, fournissent un résidu qu'on nomme pulpe, dont on fait un grand emploi pour la nourriture des bestiaux; elle a à peu près les mêmes propriétés nutritives que la betterave; aussi, les bêtes mises à ce régime sont-elles molles et de médiocre qualité; mais, pour éviter cet inconvénient, on la mélange avec d'autres aliments, tels que les tourteaux et les fourrages hachés : la pulpe, étant à très bas prix, rend ce mode de nutrition très avantageux.

RÉSIDU DES DISTILLERIES.

Des expériences récentes ne laissent aucun doute sur la puissance nutritive de l'alcool; on a donné à des vaches, jusqu'à un litre d'eau-de-vie par jour, et elles s'en sont trouvées parfaitement, surtout dans la dernière période de l'engraissement. Ce breuvage est d'un prix trop élevé pour être employé; mais du moins on peut induire de ce fait que plus les résidus sont riches en alcool, plus ils sont nourrissants. Habituellement ces produits sont mélangés aux fourrages et aux tourteaux; ils entrent, avec succès, dans la composition des soupes économiques.

LE SEL.

Pendant un certain temps, on a voulu faire jouer au sel un grand rôle dans l'engraissement des terres et des animaux; mais ces espérances chimériques ont dû s'évanouir devant de longues et consciencieuses expériences. Toutefois, si le sel ne peut plus être regardé comme ayant, par lui-même, une valeur nutritive quelconque, il n'en reste pas moins très utile comme condiment.

Mélangé aux fourrages avariés ou aux pommes de terre malades, il les assainit et permet de donner aux animaux des aliments qu'ils eussent rebutés ou qui leur eussent été nuisibles.

DES DIVERSES MÉTHODES D'ENGRAISSEMENT.

Il existe de nombreuses manières d'engraisser, et on ne saurait s'en étonner lorsqu'on considère la variété des saisons où commence et finit l'engraissement, la diversité du sol et de ses productions, et la propension qu'ont les cultivateurs à utiliser les fruits de leur récolte, même quand ils auraient avantage à échanger leurs produits contre d'autres. Ici, comme dans presque toute la culture, nous nous trouvons entre la théorie et la pratique. Des savants distingués

ont essayé de soumettre l'engraissement à des calculs ma-
thématiques. Supputant la masse de l'animal, ils propor-
tionnent à son poids la quantité de nourriture qu'il devra
consommer chaque jour; malheureusement ce système n'est
pas admissible, l'âge de l'animal, son état avant l'engraissement, etc., etc., viennent changer entièrement ce calcul.

S'il était nécessaire de formuler un système, je préférerais
le suivant, tout en tenant compte de la force de l'animal, je
baserais la consommation sur la conformation : plus elle serait irréprochable, moins l'animal serait coûteux à engraisser; mais il est bien difficile d'appliquer ce système d'une
manière rigoureuse, aussi nous préférons faire connaître les
différentes méthodes en usage, et nous restreindre au rôle
d'historien fidèle.

1° MÉTHODE DU MÉNAGER.

Le petit ménager dont les soins sont continuels, et dont le
temps n'entre pas rigoureusement en ligne de compte, peut
faire des choses qui ne sauraient être imitées en grand.
C'est sous le bénéfice de ces observations, que nous allons
faire connaître cette méthode d'engraissement.

Le ménager sort sa vache trois fois par jour et lui donne
une boisson chaude, dans laquelle une poignée de son et d'a-
voine assaisonnent dix ou douze kil. de légumes valant
environ . . . . 40 c.
Plus, en dix ou douze fois, une botte de warats de 5 k. 25
et une botte de trèfle de 5 kil. 20
                                                    ─────
                                                        85

Cette nourriture dure de cent à cent vingt jours; elle suffit
à ces bêtes qui sont généralement de petite taille; elles produisent à peu près les deux tiers de la dépense.

Cette méthode, que l'on voudrait voir s'étendre, est pratiquée dans un certain nombre de villages; mais principalement à Fontaine-le-Sec, près Oisemont. Des individus,

ayant à ferme trois journaux de sole, mettent un journal en
blé, un demi-journal en warat, un demi-journal en avoine,
un demi en trèfle et autant en légumes ou en vesce. Vers la
fin de la moisson, ils achètent une vache ayant encore du
lait ; elle va au pâturage commun et reçoit, en rentrant,
une ration de trèfle de deuxième coupe, de vesce tardive ou
de feuilles de betterave ; de son lait, on fait la petite provision de beurre de la famille, et on engraisse un porc. Vers
le mois de décembre, on la coupe de lait, on l'engraisse, et
le bénéfice fait sur la vache paie le fermage. Le blé reste
pour le labour et les frais ; la paille, convertie en fumier,
sert à amender le blé de l'année suivante.

2° MÉTHODE DITE DU VIMEUX.

Un certain nombre de riches propriétaires du Vimeux engraissent entièrement avec des légumes. Cette méthode, bien
que très simple, exige d'assez grandes précautions, attendu
que les animaux nourris avec une seule espèce d'aliment
sont sujets à se dégoûter ; aussi varie-t-on la nourriture en
donnant d'abord des navets d'Alsace qui sont revêtus d'une
écorce violacée ; en second lieu les betteraves, puis les carottes, et on termine par les rutabagas.

Ces derniers légumes viennent abondamment dans les terres riches et bien cultivées ; ils restent en terre toute la saison, et on ne les arrache qu'à mesure des besoins.

Première période. . .	Navets	60 kil. . . .	72 c.
2ᵐᵉ id.. . . .	Betteraves . .	50 — . . .	90
3ᵐᵉ id.. . . .	Carottes . . .	40 — . . .	88
4ᵐᵉ id.. . . .	Rutabagas.. .	35 — . . .	91
			341 c.

Moyenne par jour, 85 centimes ¼.

Cette méthode, on le voit, est très économique, elle convient aux vaches médiocres qui produisent à peine de la
seconde qualité.

3° MÉTHODE NORMANDE.

Je distinguerai par ce nom la méthode habituelle des bords
de la Normandie; cette méthode, avec quelques variantes,
est celle de MM. Claré et de leurs voisins. Les vaches reçoivent en trois fois, et mêlés ensemble, la ration suivante :

Légumes	30 k.	60 c.
Trèfle.	10 k.	20
Mouture de bisailles ou tourteaux.	1 k. ½. . .	30
		1 f. 10 c.

A mesure que les vaches avancent dans l'engraissement,
on diminue la quantité de légumes, on augmente le tourteau
et la mouture, et on remplace le trèfle par la luzerne, comme
ci-après :

Légumes	15 k.	50 c.
Fourrage 1ʳᵉ qualité. . .	5 k.	25
Tourteaux	2 k.	40
Moutures.	4 k.	20
	26 k.	**1 f. 15 c.**

Cette méthode est très bonne; s'appliquant en général à
des bêtes jeunes et bien choisies, elle fait presque toujours
de bonne première; la chair est ferme et le rendement en
suif satisfaisant. L'engraissement dure 100 à 120 jours, et
les bêtes, cette année, ont donné près de 100 fr. de plus va-
lue l'une dans l'autre.

4° MÉTHODE ALLEMANDE.

Les Allemands, riches en prairies naturelles ou irriguées,
sont depuis long-temps dans l'usage d'engraisser les bœufs
avec du foin; pour cela, soir et matin, on leur pousse la
nourriture dans la mangeoire, à l'aide de fourches, jusqu'à
ce qu'ils soient rassasiés, c'est-à-dire pendant deux ou

trois heures. On conçoit combien cette méthode doit être lente, aussi l'engraissement fait de cette façon dure cinq ou six mois. Pour rendre le foin plus appétissant, il en est qui ont eu l'idée de le saupoudrer de sel; mais bientôt on s'aperçut combien la mastication fatiguait l'animal, et pour l'abréger on résolut de hacher le foin et de le faire tremper vingt-quatre heures dans l'eau salée; le foin absorbe ainsi une quantité de liquide égale à son volume, et il est mangé très avidement par les animaux. On peut même, avec avantage, faire passer un jet de vapeur à travers la cuve qui reçoit la préparation, le fourrage cuit promptement, et à peine est-il refroidi, qu'une légère fermentation se déclare et communique aux aliments un goût acidulé qui plaît aux animaux. Il est bien entendu que si les fourrages étaient moisis, poudreux, terrés, il serait indispensable de les secouer fortement ou même de les battre auparavant. (*)

Cette méthode reviendrait à peu près aux chiffres suivants :

En premier lieu, fourrage de 3ᵐᵉ qualité, 50 k. . . 1 f. »» c.

Secondement, fourrage 2ᵐᵉ   id.. . 30 k. . . 1 14

3ᵐᵉ   sainfoin . . . . 20 k. . . 1 »»

plus sel . . . . 1 k. . . » 20

Bien que ces fourrages soient ici séparément, dans la pratique, ils seront mélangés; mais si en premier lieu on peut donner beaucoup de médiocre, il n'en est pas de même à la fin.

C'est en cet état que les Flamands se sont emparés de la méthode allemande, et la trouvant trop lente à leur gré, ils lui ont fait subir de nombreux changements. La quantité de foin a été considérablement amoindrie, et le liquide saturé de tourteau, de pulpe, de drèche, etc. Dès lors le foin

(*) **A moins** que le hache-paille ne soit disposé de manière à enlever toute la poussière.

s'améliore de toutes les riches substances avec lesquelles il
est mélangé, il sert à les diviser et procure leur complète
assimilation avec l'individu.

C'est ce que nous allons voir dans les méthodes suivantes.

5° MÉTHODE WAREMBOURG.

M. Warembourg, cultivateur à Marcelcave et successeur
de M. Spineux, a importé chez lui les méthodes de la Flandre, non seulement pour la culture, mais aussi pour l'engraissement, et on peut dire qu'il les a encore perfection-
nées.

M. Warembourg a construit des étables tout en maçonne-
rie et pavées en briques de champ; un ruisseau reçoit les
urines et les conduit à un réservoir extérieur. Les vaches
sont attachées avec des chaînes; elles ont pour deux une
auge en pierre bleue, haute de 45 centimètres, destinée à
recevoir leur nourriture. Ces auges sont lavées à l'eau froide
deux fois par jour, et une fois à l'eau chaude. Dois-je ajouter
qu'une propreté toute flamande est entretenue dans l'étable
et qu'elle s'étend à tout ce qui concerne les animaux?

Le soin des vaches est confié à deux ouvriers, un homme
et un enfant : dans les intervalles laissés libres par le travail
des étables, ces ouvriers disposent la préparation du soir.
A cet effet, ils hachent la paille, criblent la paillette, les
balles de colza, divisent les légumes, et aussitôt que le repas du soir a vidé la cuve contenant la provision de la journée, ils apportent ces aliments et les mélangent avec soin ;
au fur et à mesure qu'ils les y déposent, ils les arrosent avec
l'eau de tourteau de la cuve voisine : le tourteau étant plus
lourd que l'eau, tend toujours à descendre ; aussi, est-il nécessaire de remuer l'eau avant de la puiser : comme le tourteau se dissout difficilement, surtout celui de lin, et on ne
prend que l'eau entrant dans une manne à treillis, placée
au milieu de la cuve ; on remue jusqu'à la fin et on

épuise le fond en remettant une nouvelle eau. La cuve vidée, on y met le tourteau écrasé, pour infuser également pendant 24 heures, dans la quantité d'eau nécessaire à la préparation du lendemain. En arrivant le matin, les ouvriers mélangent de nouveau la préparation faite la veille, et à l'aide de fourches ils en emplissent des mannes qu'ils portent successivement aux animaux. Ils donnent une manne pour deux vaches et font ainsi trois fois le tour de l'étable. Cette opération se répète à midi et au soir; après le repas on enlève les pailles que les animaux ont laissées, on les porte aux moutons et on nettoie parfaitement les auges.

La quantité d'aliments donnés par vache est celle-ci :

Tourteaux de colza 1 k., de lin 1 k. . . .	56 c.
Paille, 4 kilog	12
Paillette et balles de colza, une manne . .	02
Légumes, 20 kilog..	40
	90 c.

Non seulement les soins donnés à la nourriture ne laissent rien à désirer; mais une chaleur tout à fait exceptionnelle est entretenue dans les étables. Le thermomètre n'y descend guère au dessous de 25 degrés. Les bêtes s'habituent facilement à cette chaleur excessive qui paraît aider à la digestion, elle sont très *paraissantes;* mais en même temps de très bon rendement. Lorsque j'achetais pour la boucherie par actions, j'étais en garde contre ces bêtes pour ainsi dire soufflées à la vapeur; mais je dois à la vérité de déclarer que la qualité, ainsi que le suif, ont été bien au-delà de mon attente.

Cette méthode a trouvé des imitateurs, parmi lesquels je dois citer M. Gruet, de Cavillon, qui s'en est toujours trouvé parfaitement.

6° NOURRITURE A LA MÉLASSE.

MM. Machart, de Selincourt, emploient une méthode qui se

rapproche des précédentes. Elle en diffère seulement en ce qu'ils mélangent des fourrages médiocres à la paille, et qu'ils diminuent la quantité de tourteaux en y suppléant à l'aide de la mélasse. La mélasse se vend à Amiens, chez M. Carpentier, raffineur ; elle se livre en barils de 300 à 350 kilog. , et se vend de 12 à 15 fr. les cent kilog., selon l'élévation du prix des alcools. MM. Machart donnent en moyenne de un kilog. à un kilog. et demi de mélasse tous les jours par vache. La durée de l'engraissement est à peu près de cent jours. Ces messieurs attribuent à la mélasse une valeur nutritive à peu près égale à celle du tourteau de lin de première qualité ; mais la pratique leur prouve journellement que la mélasse étendue dans une quantité d'eau égale à dix fois son volume, assaisonnera plus et mieux que le tourteau, les fourrages médiocres auxquels elle est mêlée : les vaches sont avides de cette préparation et s'en trouvent très bien.

Voici la donnée moyenne de cette méthode :

6 bottes de fourrages mêlés, 30 kil.	» fr.	90 c.
Légumes mêlés, 50 kil.	1	»
2 kil. tourteau de lin, 1 kil. œillette, 1 colza, 4 kil.	»	75
Moutures de pamelle, avoine, bisailles, 1 à 11 kil.	»	70
Balles de sainfoin, blé, avoine, 4 mannes . . .	»	10

Par 4 vaches . . . 3 fr. 45 c.

ou 85 c. pour chaque vache.

7° Dans les méthodes précédentes, il entre une certaine quantité de paille hachée. Un cultivateur qui a tant besoin de paille pour la litière, la voit avec un certain regret employée comme alimentation, tandis qu'elle est la clé de voûte de son fumier, et lorsque des fourrages médiocres et produisant peu d'engrais, sembleraient pouvoir la remplacer avec avantage. Le mérite principal de la paille est de diviser les aliments riches en substances nutritives et de servir de lest. Eh bien ! ce rôle est rempli plus économiquement par les hivernages, les bisailles d'été battues, par le trèfle anglais, le sainfoin en graine, etc. Sous le mérite de ces observations, et voulant diviser d'une manière à la fois simple et commode la nourriture des bestiaux, je me conforme littéralement aux prescriptions de M. Warembourg, et je dispose de la manière suivante la nourriture de 4 vaches :

6 Bottes de fourrages variés, 1ʳᵉ, 2ᵉ 3ᵉ qualité, 50 k. » fr. 90 c.
Légumes mêlés, 50 kil. 1   »
3 kil. tourteaux de lin, 5 kil. œillette ou colza, 6 kil. »   90
10 kil. mouture de pamelle, avoine, bizaille, 10 kil. »   70
Paillette de blé, d'avoine ou sainfoin, 4 mannes. . »   »
                                             ———————————
                                             3 fr. 50c.

Ayant une faible quantité de vaches, je fais bouillir le tourteau et la mouture sur le feu ; puis, le mélange est renversé dans la cuve remplie où l'immixtion s'opère bien plus aisément. L'entretien des auges est beaucoup plus facile de cette manière, attendu que le fourrage absorbe l'eau tout entière.

8° M. Dubois, de Cavillon, tient habituellement des vaches à lait, et il les engraisse sans cesser de les tirer ; il convertit son lait en beurre et accoutume ses vaches à boire le petit lait ; elles font d'abord quelque difficulté, mais elles s'y habituent promptement. S'il est difficile d'engraisser des vaches coupées de lait, à plus forte raison celles qui donnent abondamment ; il n'est pourtant rien que l'on ne parvienne à faire avec une nourriture forte et substantielle et des soins intelligents. Nous citons cet exemple, afin de montrer à ceux qui se découragent facilement, que les hommes entendus savent triompher de toutes les difficultés.

NOURRITURE MIXTE.

Il arrive fréquemment que des vaches commencées au pâturage sont finies à l'étable, ou, que commencées à l'étable, elles sont terminées au pâturage. Voici comment on doit procéder dans l'un et l'autre cas.

C'est un moyen presqu'assuré de réussite que d'acheter des vaches à la fin de septembre et de les commencer dans les pâturages d'arrière-saison ; à cette époque, on peut les conduire successivement daus les prairies artificielles et dans les enclos après la récolte des fruits. Les bêtes reçoivent en rentrant des feuilles de betterave dont il ne faut pas abuser : les parties vertes des carottes, des navets, le regain de foin ou de luzerne et les pommes de terre qui commencent à se gâter, et qui doivent être mélangées d'un peu de sel, de tourteau, ou de mouture. Les vaches se trouvent bien de ce régime, surtout si les pâturages sont abondants et peu éloignés ; souvent, il suffit de six semaines d'étable pour les livrer à la boucherie ; il est vrai que c'est le moment où la marchandise abonde ; mais, si elles se vendent moins bien, elles ont aussi coûté beaucoup moins à engraisser.

2° Le moment le plus avantageux pour la vente est celui qu'on appelle vulgairement entre le *vert et le sec,* c'est à dire, au moment où les bêtes d'herbe n'étant pas encore prêtes, celles d'étable commencent à faire défaut. C'est pour arriver à cette époque, et avoir des bêtes de primeur, que les pâturiers en achètent dès le commencement de février, et les tiennent à l'étable jusqu'à ce qu'il soit permis de les mettre en liberté.

Dans ce cas, il faut les disposer petit à petit à passer insensiblement d'un état à l'autre : les sortir deux heures par jour, tenir les étables toujours ouvertes, afin d'éviter que leur poil ne se lisse à la grande chaleur. Il faut en même temps les tenir à un régime très tonique qui les prédispose à supporter la fraîcheur des nuits du printemps : le grain et le tourteau sont parfaits pour cet usage. Dès l'instant où l'herbe deviendra abondante, on pourra les mettre au pâturage ; dès lors, la qualité de l'herbe et la saison, plus ou moins favorables, feront le reste.

Il est des nourrisseurs qui, n'ayant pas d'étables à portée de leurs pâturages, disposent des auges en bois et y distribuent, deux fois le jour, de la mouture mêlée de tourteaux. Cette méthode a ses avantages, puisqu'elle permet d'engrais= ser dans des temps et dans des lieux qui n'eussent pas permis de le faire sans ce moyen.

On peut aussi engraisser à l'étable pendant l'été ; mais, si abondantes que soient les récoltes, il est bien difficile que cet engraissement ne soit très coûteux et peu profitable, surtout en présence des vaches d'herbe, dont la qualité est bien supérieure ; mais, c'est le meilleur moyen pour faire d'excellent fumier ; aussi, est-il des cultivateurs qui le tiennent en grande estime, et qui n'y voient que la possibilité de maintenir leur culture dans les meilleures conditions.

Il est des personnes qui croient trouver une grande économie à nourrir leurs bêtes avec parcimonie ; celles-là font un bien faux calcul ; car, ce qui est coûteux, c'est de mettre les bêtes en bon état ; mais lorsqu'elles y sont, il ne s'agit plus que de les y entretenir, et il n'est pas douteux qu'une bête en bon état consomme beaucoup moins qu'une autre.

ENGRAISSEMENT AU PATURAGE.

Nous avons peu de chose à dire sur l'engraissement au pâturage, c'est une partie bien connue de ceux qui la pratiquent ordinairement. Chacun sait par cœur son herbage ; et connaît la quantité de bêtes dont il peut le charger et le genre qui y réussit le mieux. L'acquisition des bêtes exige les mêmes précautions que pour celles destinées à l'étable ; toutefois, il faut éviter de prendre celles qui ont la peau fine et le poil soyeux, attendu qu'elles seraient incapables de supporter les mauvais temps auxquels elles sont exposées. Il est facile de couper de lait les vaches qu'on met à l'herbe ;

il suffit de leur faire une saignée : la fraîcheur de la nuit et de la rosée suffit pour la tarir. Les pâturiers aiment à avoir plusieurs herbages où ils puissent mettre successivement leurs animaux, et si la qualité en est différente, ils mettent d'abord leurs bêtes dans les plus médiocres et ensuite dans les meilleurs.

Nous nous bornerons à ce peu de mots, car les pâturiers sont tous versés dans le métier, et loin de leur donner des conseils, nous serions les premiers à leur en demander.

DES BOEUFS.

Presque tout ce qui a été dit des vaches peut s'appliquer aux bœufs ; seulement, ayant une charpente plus forte, ils consomment beaucoup plus d'aliments.

La Picardie produit deux espèces de bœufs : les bœufs francs et les billards.

Les premiers sont châtrés sous la mère, ou à trois mois ; ils sont élevés ensuite comme les génisses ; mais ils viennent bien plus promptement. Il suffit de les tenir en bon état jusqu'à l'âge de 18 mois, époque où on les engraisse, soit à l'étable, soit au pâturage. Il sont très faciles à engraisser et fournissent une chair excellente, surtout pour les beefteacks; il n'est pas rare de les voir à deux ans peser 250 kil., et se vendre 250 fr. ; tandis que les génisses du même âge sont loin de valoir le même prix.

Le plus grand nombre pourtant des bœufs de ce rayon, sont des taureaux châtrés après avoir fait la monte plus ou moins long temps.

Ces animaux, connus sous le nom de billards, sont l'objet d'une grande répulsion parfois injuste, mais souvent méritée. Leur chair est rouge et conserve une odeur prononcée qui est intolérable dans la soupe. On pourrait cependant faire disparaître ces caractères facheux en les châtrant à trois ans au plus, et en les laissant au moins six mois à une nourriture ordinaire avant de les mettre à l'engrais. Il faut l'avouer cependant, on ne réussit pas toujours à faire disparaître cette'couleur sanglante et cette odeur de bouc, qui n'existent pas toujours dans les jeunes taureaux. L'impossibilité de reconnaître cet état d'une manière certaine, rend la vente de ces animaux très précaire. Si on joint à cela la lenteur extrême de l'engraissement, on ne mettra aucunement en doute que rarement le prix de l'animal entier ne couvre les frais de l'engraissement.

Bœufs francs étrangers au Département. — Le bœuf le plus voisin de nous est le bœuf cottentin. C'est le meilleur de tous pour la chair comme pour le produit en suif. On peut en voir de beaux échantillons dans les riches pâturages de M. C. de la Houpplière, qui en engraisse 150 à 200 chaque année. En général ils arrivent à l'automne et viennent remplacer les bêtes vendues ou même celles qui, étant grasses, attendent à l'étable, avec une demi-ration, le moment de la livraison. Ces bœufs sortent du travail et sont excessivement maigres, il convient de les remettre, petit à petit, avant de les engraisser. Au moment de leur arrivée ils restent jour et nuit au pâturage ; mais après la Toussaint on les ramène passer la nuit dans la cour, où on leur distribue, dans des cages, du foin médiocre.

La cour de M. de la Houpplière mérite une mention particulière ; elle forme un carré long, encadré par les bâtiments servant d'étables, et en avant desquels se trouvent un trottoir pavé ayant trois mètres de large. Tous les jours le fumier des étables est déposé sur ce trottoir, les bœufs le piétinent toute la nuit et l'améliorent par les déjections nombreuses qu'ils rapportent du pâturage ; après leur départ le fumier est relevé et déposé en une couche latérale ; c'est sur cette couche que la nourriture est posée, et les bœufs contribuent encore à son tassement. Aussi, en peu de temps, le fumier est-il réduit en terreau. Tous les quinze jours on le

transporte dans l'atelier de confection, là il est mis en
grandes couches et mélangé par égale partie avec des terres
salées, des warrechs et autres détritus que le voisinage de la
mer permet de se procurer. Ces composts restent ainsi tout
l'été, et au mois d'octobre, ils sont répandus sur les pâturages à une épaisseur de 3 à 4 centimètres. Ces terres, si
riches, que l'industrie de l'homme a conquises sur la mer,
sont assolées pour recevoir tous les quatre ans semblable
fumure et tout l'engrais des chevaux, vaches et porcs leur
est exclusivement consacré; ce ne sont pas les seuls soins que
reçoivent les prairies : les ruisseaux d'écoulement sont soi-
gneusement entretenus, les bouzes épandues, la guerre est
faite aux taupes et les cailloux qui proviennent des terres
salées, ramassés ; aussi, le produit de ces terrains est-il
considérable; un hectare engraisse facilement deux bœufs, et
le bénéfice brut s'élève à 150 fr. par tête.

C'est ainsi, que tandis que ces terres, déjà si riches, reçoivent des soins et des améliorations de tout genre, nous, dont
les pâturages sont bien moins bons, nous les abandonnons à
la simple nature ! Devrions-nous encore être surpris qu'ils ne
produisent pas davantage ?

VENTE DES BÊTES GRASSES.

Il est un moment précis à saisir pour la vente des bêtes
grasses : ce moment dépend 1° de la demande ; 2° de la quantité de nourriture ; 3° de la saison ; 4° de la bête ; 5° de
la position du vendeur.

1° *De la demande.* — Lorsqu'une bête est mise à son prix
par un boucher solvable, et que ce prix est une rémunéra-
tion suffisante, il faut se hâter de le saisir ; car, les bonnes
occasions sont rares et doivent être prises aux cheveux.

2° *De la quantité de nourriture.* — Manquer de nourriture et être forcé de vendre à cause de cela, c'est montrer une
imprévoyance inexcusable. Un engraisseur prudent doit cal-

culer sa possibilité, et n'acheter que ce qu'il a décidé à l'avance ; cependant, il vaut mieux vendre ses bêtes, si le profit, joint au fumier, ne suffit pas à payer la dépense.

3° *De la saison.* — Il est des époques où la vente est presque toujours molle, et d'autres où elle est généralement avantageuse ; il faut attendre ou se hâter, suivant qu'on a l'espoir fondé de rencontrer ou d'éviter l'un de ces moments.

4° *De l'animal.* — Il est de jeunes bêtes qui sont facilement poussées au fin gras, tandis qu'il en est d'autres qui ne donneront jamais que de la seconde qualité. On ne doit demander à chacune d'elles que ce qu'elles sont en état de faire.

5° *De la position de l'engraisseur.* — Il est utile de prendre en considération le genre d'acheteurs auxquels on a affaire. S'il s'agit de bouchers de village, qui ne tuent que de la seconde qualité, il devient inutile de viser à faire de la première. Observons cependant que celui qui engraisserait une certaine quantité d'animaux, et qui se serait acquis la réputation méritée d'engraisseur habile, resterait difficilement sans acheteur.

Avec la connaissance des maniements que nous avons donnée plus haut, il est facile de savoir à quoi s'en tenir sur le poids et la qualité de la bête que l'on a vendue. Toutefois, comme on ne saurait avoir trop de moyens d'arriver à la constatation de la vente, nous allons en donner encore de nouveaux.

RUBAN DE M. DE DOMBASLE.

M. de Dombasle, mû par le désir de faciliter aux cultivateurs la connaissance des animaux, a importé de Flandre une méthode à laquelle il a donné son nom, et cela d'autant plus justement, qu'il l'a perfectionnée. Cette méthode consiste à prendre avec un mètre, ou un ruban numéroté *ad hoc*, la mesure de l'animal, à partir du garrot en passant en avant de l'un des avant-bras et en arrière de l'autre. On vérifie ensuite l'opération en passant derrière l'avant-bras, en avant duquel on avait passé précédemment.

Pour cette opération, il est essentiel de faire placer la bête bien d'aplomb et de se faire aider par une personne entendue.

Le tableau suivant, emprunté à M. de Dombasle, donnera le rapport entre le chiffre trouvé et la viande nette, c'est-à-dire sans le suif et les rognons.

mètr.	cent.	kil.	mètr.	cent.	kil.	mètr.	cent.	kil.	mètr.	cent.	kil.
1	81	175	2	05	253	2	29	355	2	53	475
1	82	178	2	06	257	2	30	360	2	54	481
1	83	181	2	07	260	2	31	365	2	55	487
1	84	184	2	08	264	2	32	370	2	56	493
1	85	187	2	09	267	2	33	375	2	57	500
1	86	190	2	10	271	2	34	380	2	58	506
1	87	193	2	11	275	2	35	385	2	59	512
1	88	196	2	12	279	2	36	390	2	60	518
1	89	200	2	13	283	2	37	395	2	61	525
1	90	203	2	14	287	2	38	400	2	62	531
1	91	206	2	15	291	2	39	405	2	63	537
1	92	209	2	16	295	2	40	410	2	64	543
1	93	212	2	17	300	2	41	415	2	65	550
1	94	215	2	18	304	2	42	420	2	66	556
1	95	218	2	19	308	2	43	425	2	67	562
1	96	221	2	20	312	2	44	430	2	68	568
1	97	225	2	21	316	2	45	435	2	69	575
1	98	228	2	22	320	2	46	440	2	70	581
1	99	232	2	23	325	2	47	445	2	71	587
2	»»	235	2	24	330	2	48	450	2	72	593
2	01	239	2	25	335	2	49	455	2	73	600
2	02	242	2	26	340	2	50	460			
2	03	246	2	27	345	2	51	465			
2	04	250	2	28	350	2	52	470			

Les expériences suivantes, faites en 1834, par un homme qui mérite toute confiance, et que ses amis pleurent encore, (M. Antoine Claré), prouvent que le ruban approche bien près de la vérité.

Nᵒˢ					Mesure métrique.	Poids. réel.
1ᵉʳ	8 ans,	picarde,	engraiss.à l'étable,	demi-grasse,	175 k.	174 k.
2ᵉ	10 id.	id.	id.	id.	172	173 1|2
3ₑ	6 id.	normande,	id.	grasse,	216	218
4ᵉ	8 id.	id.	id.	id.	335	346 1|2
5ᵉ	7 id.	id.	id.	demi-grasse,	223	224
6ₑ	6 id.	id.	id.	id.	215	225
7ₑ	8 id.	id.	id.	id.	198	200
8ᵉ	8 id.	id.	id.	id.	206	200

J'ai fait aussi de nombreuses expériences sur le ruban de M. de Dombasle. J'en déduis les conclusions suivantes :

1° Le cordon accuse beaucoup plus que le poids dans la bête maigre ;

2° Il est à peu près juste dans la bête bien graissée ;

3° Il accuse moins que le poids dans la bête extra-fine ;

4° Il s'éloigne beaucoup de la vérité dans les bêtes démesurément longues ou courtes.

En général, les bêtes très longues sont peu pourvues de garrot et de poitrine, et les bêtes très courtes en ont beaucoup. Si, dans ces deux cas, vous mesurez la vache en longueur, à partir du bassin contre la queue jusqu'à l'occiput, vous faites tenir la tête dans une position verticale, tandis que le cou reste horizontal. Vous rectifiez, par la mesure de longueur, le trop ou le trop peu de la mesure de circonférence. (*)

J'ai mesuré, dans la même étable, deux bœufs, l'un très court et assez gras, a donné au garrot 350 kil., et en longueur 300, moyenne 345, et il a produit, à la mort, 328 k. Le second, plus maigre, n'accusait au garrot que 350 kil. et 425 en longueur ; moyenne, 387 ; il a pesé à la mort 380.

(*) Dans une bête bien proportionnée, la longueur donne autant que la circonférence.

En résumé, le ruban est utile au moment de l'acquisition, puisqu'il fait pressentir le poids que l'animal pourra prendre. Il peut être nécessaire au moment de la vente, puisqu'en sachant à peu près à quel point est la bête, il dira son poids aussi approché que possible.

BASCULE.

On peut se servir utilement de la bascule, dans l'engraissement, 1° afin d'apprécier les progrès que fait l'animal; 2° afin de connaître, au moyen du poids, le rendement en viande nette.

1° Il serait bon de connaître les progrès que font les vaches, jour par jour; mais cette opération nous paraît entourée de difficultés. Nous avons sous les yeux un travail de ce genre, jour par jour, par M. Robert Dundas Thompson, sur quatre vaches laitières, et il est difficile d'en tirer aucune conclusion pratique. En effet, on conçoit que si la nourriture a été plus lente à digérer, la vache pésera davantage le lendemain que la veille, et que cet état de souffrance pourra être pris mal à propos pour un progrès. D'un autre côté, ce dérangement perpétuel fatigue les animaux et les empêche d'engraisser; mais s'il est nuisible de peser une vache tous les jours, rien n'empêche de le faire tous les quinze jours; on pourra savoir, de cette manière, plus exactement ce dont elle aura augmenté.

2° Le mérite principal de la bascule est de pouvoir dire, au moment de la mort, le poids de la bête en chair nette, suivant sa qualité. Dans les tableaux que nous allons offrir, les animaux ont été pesés à jeun ou après avoir voyagé. Ceux qui voudront arriver à la vérité devront procéder de la même manière.

BOEUFS COTTENTINS, QUALITÉ HORS LIGNE.

		Poids vif.	viande nette rognons compris.	Suif.	Peaux.
Ces dix bœufs ont été engraissés par M. de la Houpplière, à Château-Neuf.	1	685 k.	371 k.	47 k.	44 k.
	2	750	455	52	48
	3	660	387	35	47
	4	715	410	54	48
	5	720	420	40	50
	6	665	400	40	50
	7	695	450	25	50
	8	800	510	54	40
	9	645	359	41	36
	10	715	434	30	50
		6950 k.	4296 k.	418 k.	463 k.

Cette série donne soixante et un pour cent de son poids vif.
Dix kil. et demi de suif pour cent kil: de viande nette.
Idem pour les peaux.

BOEUFS CHOLLETS, PREMIÈRE QUALITÉ.

		Poids vif.	viande nette rognons compris.	Suif.	Peaux.
Fournis par MM. Denis et Doublet et engraissés en Anjou.	1	640 k.	365 k.	30 k.	36 k.
	2	550	280	20	31
	3	650	328	27	40
	4	640	296	19	39
	5	525	278	31	35
		2905 k.	1547 k.	227 k.	181 k.

Cette série donne 54 pour cent de son poids vif.
11 kil. de suif pour cent du poids net.
11 kil. et demi de peaux pour cent idem.

BOEUFS CHAROLAIS, PREMIÈRE QUALITÉ.

		Poids vif.	Poids de viande.	Suif.	Peaux.
	1	750 k.	406 k.	24 k.	59 k.
Fournis par	2	640	342	28	48
	3	725	404	38	50
MM. Guillain et Blan-	4	665	390	30	60
chart, et engraissés	5	640	360	25	50
	6	680	375	33	38
dans les sucreries de	7	710	369	33	38
	8	720	370	27	60
Roye et de Lille.	9	740	407	28	67
	10	640	354	31	41
		6915 k.	3785 k.	297 k.	511 k.

Cette série donne 59 et demi pour cent du poids vif.
9 kil. de suif pour cent du poids de viande net, et 16 kil.
pour cent de peau.

BOEUFS DE PAYS, SECONDE QUALITÉ.

		Poids vif.	Poids de viande.	Suif.	Peaux.
	1	740 k.	436 k.	26 k.	62 k.
	2	750	393	36	50
Fournis par des en-	3	575	291	22	38
	4	720	415	38	35
graisseurs du Dépar-	5	725	425	38	52
	6	760	420	50	56
tement.	7	440	244	16	39
	8	575	319	15	43
	9	730	435	25	57
	10	765	426	27	62
		7080 k.	3804 k.	293 k.	504 k.

Cette série donne 54 pour cent de son poids vif.
En suif, 7 et demi pour cent du poids de viande.
En peaux, 14 pour cent également du poids de viande.

BOEUFS DE PAYS, TROISIÈME QUALITÉ.

		Poids vif.	Poids de viande.	Suif.	Peaux.
Fournis par les engraisseurs du Département.	1	560 k.	282 k.	10 k.	60 k.
	2	525	273	22	35
	3	460	230	16	36
	4	540	304	11	50
	5	620	353	20	47
	6	625	348	15	57
	7	760	378	18	47
	8	445	241	12	47
	9	460	222	6	40
	10	630	329	10	47
		5625 k.	2980 k.	142 k.	566 k.

Cette série donne, en viande nette, 50 p. cent de son poids vif.
En suif, 5 pour cent du poids de viande nette.
En peau, 19 et demi p. cent également du poids de viande.

VACHES DE PREMIÈRE QUALITÉ.

		Poids vif.	Poids de viande.	Suif.	Peaux.
Fournies par les engraisseurs du Département.	1	450 k.	229 k.	39 k.	28 k.
	2	560	303	27	32
	3	560	305	43	40
	4	560	311	41	30
	5	530	304	33	37
	6	570	337	20	36
	7	600	318	46	33
	8	555	289	42	35
	9	480	250	30	32
	10	630	365	37	42
		5495 k.	3016 k.	358 k.	342 k.

Cette série donne, en viande nette, 55 p. cent de son poids vif.
En suif, 10 pour cent du poids de viande.
En peau, également.

VACHES DE SECONDE QUALITÉ.

		Poids vif.	Poids de viande.	Suif.	Peaux.
Fournies par les en-graisseurs du Dépar-tement.	1	480 k.	252 k.	22 k.	33 k.
	2	500	229	20	27
	3	495	220	12	35
	4	410	213	16	27
	5	490	250	29	30
	6	395	208	22	24
	7	495	250	29	28
	8	480	243	19	31
	9	455	239	21	28
	10	495	251	23	34
		4695 k.	2355 k.	213 k.	297 k.

Cette série donne, en viande, 50 pour cent de son poids vif.

En suif, 9 et demi pour cent du poids de viande.

En peaux, 13 pour cent également du poids de viande.

VACHES DE TROISIÈME QUALITÉ.

		Poids vif.	Poids de viande.	Suif.	Peaux.
Fournies par les en-graisseurs du Dépar-tement.	1	400 k.	176 k.	25 k.	27 k.
	2	365	178	11	25
	3	430	207	23	23
	4	395	179	10	22
	5	430	211	16	29
	6	350	154	12	22
	7	435	182	11	27
	8	450	209	22	30
	9	440	197	19	28
	10	445	205	8	33
		4140 k.	1798 k.	157 k.	266 k.

Cette dernière série ne donne, en viande, que 46 pour cent du poids vif.

En suif, 10 pour cent du poids de viande.

En peau, 15 pour cent également du poids de viande.

RACE OVINE.

Avant 1786, il n'y avait en France que des laines gros-
sières, bonnes tout au plus pour les tissus communs, et nous
étions tributaires de l'étranger pour les laines propres à
confectionner les draps fins. C'est au roi Louis XVI que
revient la gloire d'avoir relevé le pays de cette infériorité.
Il conçut et exécuta le projet de faire venir d'Espagne un
troupeau de mérinos, et lui octroya une royale hospitalité
dans les bergeries de Rambouillet; mais cette création, si
utile, devait passer inaperçue au milieu des grandes crises de la révolution. Longtemps le troupeau fut oublié;
mais confié à des mains habiles, il ne cessa de prospérer,
et lorsque l'orage fut apaisé, les mérinos, longtemps mé-
prisés et qu'on trouvait à peine à donner, se relevèrent de
leur discrédit : bientôt même ils devinrent l'objet d'un en-
gouement général.

Plus tard, lorsque Napoléon ayant l'Espagne, abaissa les
barrières de la douane, la France s'enrichit des dépouilles
opimes des vaincus. Dès lors le mouton devint un objet de
produit, puisque la qualité et la quantité de la laine furent
augmentées à la fois ; aussi les soins ne lui furent plus me-
surés parcimonieusement comme par le passé, et il rendit à
proportion des frais qu'il occasionna. C'est alors qu'on vit la
culture entrer dans une ère incessante de progrès, puisqu'elle s'enrichit abondamment du fumier de mouton, le
meilleur de l'exploitation.

Tandis que nous réalisions lentement ce progrès, et qu'à
une laine jarreuse et sans qualité, nous substituions une
laine très fine, mais très courte, les Anglais, bien en
avance sur nous, obtenaient d'autres perfectionnements.
Ils essayaient de trouver un animal qui réunît à un fort
volume une grande disposition à l'engraissement, et pro-
duisit une laine longue, fine et abondante ; leurs habiles

efforts ont été couronnés du plus heureux succès, et ils ont obtenu la réunion de ces caractères dans des types variant entr'eux, mais tous remarquables. Il est cependant une vérité dont il faut convenir, c'est que ces races si distinguées supportent moins bien la fatigue que les mérinos croisés avec le mouton du pays. Il faut l'avouer, le sort réservé à nos troupeaux communs est loin d'être satisfaisant; souvent ils sont mal établis, brutalement conduits et forcés, dans des pays de culture très divisée, à parcourir de longs espaces pour conquérir leur nourriture; aussi est-il impossible de réaliser de grands progrès avec ce régime; partout où les cultivateurs, possédant un troupeau particulier, l'entoureront de soins convenables, ils retireront des moutons anglais un bénéfice bien plus grand que des moutons ordinaires.

Parmi les moutons anglais, l'espèce la plus remarquable est celle de Dishley. Cette espèce a la tête petite, effilée, les yeux gros, les oreilles fines et droites, le cou court et mince, les épaules larges, la poitrine très saillante et le flanc court. Ces moutons s'engraissent avec la plus extrême facilité, et tout leur corps se recouvre d'une incroyable couche de graisse, dont nos moutons de pays seraient loin de pouvoir nous donner une idée. Pour cela, il n'est pas nécessaire qu'ils aient atteint l'âge de quatre ou cinq ans; mais ils s'engraissent naturellement dès l'âge de dix-huit mois, et si l'on doit les conserver plus longtemps, on est obligé de prendre des précautions contre cette si grande prédisposition.

Il est une espèce de moutons anglais fort rustique, appelée Southdow, à tête rousse et à laine courte, qui est employée avec succès par M. de Rainneville, dans sa ferme-école. Il a vendu, cette année, pour la boucherie, de très beaux ansenois sortant du parc.

On le voit, notre mouton de pays est bien loin des races

anglaises, puisqu'il ne s'engraisse guère avant quatre ans ; il en est de même pour le poids, puisque le mouton Dishley pèse aussi facilement 50 kil., que le nôtre en pèse 25.

CONFECTION DES ÉTABLES.

La bergerie est destinée à recevoir les animaux pendant le temps où ils ne peuvent séjourner au parc, ni aller au pâturage. Ce temps, dans nos contrées froides et humides, est encore assez long ; aussi, doit-on donner toute son attention à ce que les étables soient convenablement disposées.

Une bergerie doit être assez spacieuse, pour que les animaux y circulent à l'aise ; suffisamment éclairée, pour que les gaz méphytiques s'évaporent aisément ; elle doit être garnie de rateliers droits à barreaux espacés à 15 centimètres, afin que la laine du cou se conserve intacte ; les auges, à l'abri de toute saleté et faciles à nettoyer, doivent être placées à dix centimètres en dessous des rateliers. Il faut aussi qu'une litière abondante soit constamment entretenue et le fumier enlevé au moins tous les quinze jours.

Ces conditions, qui sont indispensables pour les bêtes allant aux champs, le sont, à plus forte raison, pour celles qui sont enfermées à l'étable ; on remarque, néanmoins, que les bêtes engraissées pendant l'hiver supportent bien plus aisément la chaleur, que celles qui vont au pâturage.

ENGRAISSEMENT DES AGNEAUX.

C'est une chose digne de remarque que la facilité avec laquelle certains animaux engraissent dès l'enfance, tandis que plus tard, ils n'engraisseraient guère que lorsque leur croissance serait terminée. Tels sont les veaux et les agneaux ; les uns et les autres, bien nourris, peuvent obtenir, en quelques mois, près de la moitié du poids auquel ils arriveraient dans la maturité.

L'engraissement des agneaux est presque toujours très profitable ; mais, comme la vente a lieu à une époque fixe, il est essentiel d'arriver à temps, autrement, les frais seraient perdus en grande partie.

C'est à Pâques, ou dans la quinzaine qui suit, que se fait la vente des agneaux : la gestation des brebis étant de cinq mois, il faut que les brebis aient été saillies en juillet et août, pour que les agneaux soient prêts à temps.

Aussitôt la rentrée du parc, les brebis recevront une nourriture copieuse pour les disposer à mettre bas, et on leur ménagera la fatigue. Dès que les agneaux auront cinq semaines, on les séparera de la mère deux fois le jour, et on leur présentera pendant ce temps des épis de blé et d'avoine, de la farine, du son, du blé cuit, etc. A mesure qu'ils grandiront, on augmentera la nourriture ainsi que le temps de la séparation. Lorsque les agneaux mangent véritablement, on peut leur donner du pain trempé dans du lait nouvellement tiré : cette manière de les nourrir est excellente ; non seulement, elle les fait venir très vite ; mais elle communique à leur chair une saveur toute particulière.

Il est des engraisseurs qui disposent également les mères pour la boucherie ; dans ce cas, on leur abandonne, en rentrant, les restes des agneaux ; bien nourries, elles donnent un lait abondant et prennent chair en même temps que leurs agneaux ; mais comme cette chair est médiocre pendant la nourriture, on préfère attendre pour les vendre un certain temps après le sevrage. Habituellement on conserve les femelles pour soi, et on n'engraisse que les mâles. Il n'est pas rare d'en trouver qui pèsent 15 à 18 kilos, et qui se vendent 1 fr. On trouvera peut-être que ce produit n'a rien de merveilleux ; mais en culture, rien n'est à dédaigner, et c'est souvent une bonne spéculation que d'acheter des brebis 12 à 15 francs pour les revendre au bout de huit à dix mois 40 francs, l'agneau compris.

L'ENGRAISSEMENT DU MOUTON.

Nous parlerons très brièvement de l'engraissement du mouton ; c'est une partie à laquelle il faut se sentir appelé par une vocation toute spéciale ; les recettes, si bonnes qu'elles soient, ne sauraient suppléer à ces prédispositions. Il importe d'abord de faire un bon choix ; mais ce choix lui-même est très difficile ; car, chaque lot, si petit qu'il soit, renferme toujours des moutons de rebut, et il est de ces animaux qui sortent aussi maigres des étables qu'ils y sont entrés. On les reconnaît ordinairement à leur échine étroite, à leur dos arqué, à leur long cou, à leur tête laineuse et déprimée, à leurs yeux renfoncés et cerclés de jaune.

Les bons moutons, au contraire, ont la tête grosse et dégarnie, les yeux vifs, gros, à fleur de tête ; ils sont trapus, près de terre, le rein large, la poitrine descendue ; c'est vers quatre ans que le mouton de pays s'engraisse le plus aisément : à ce moment il est appelé *six dents* ou *sur le rond*, ce qui veut dire que la dentition vient d'être achevée.

On peut engraisser le mouton dans toutes les saisons : la plupart des nourrisseurs partagent leurs bêtes en trois séries qui sont engraissées successivement.

La première série commence à la Toussaint ; à cette époque, les moutons, rentrant en bon état du parc, sont très faciles à nourrir. On choisit, pour cette catégorie, les moutons les plus en chair et ceux qui sont les moins riches en laine. Cette première série est la moins coûteuse ; mais, en général, elle se vend moins avantageusement.

La seconde série continue d'aller aux champs pendant l'engraissement des premiers ; seulement elle reçoit, en rentrant, une forte provende en grain, pour la maintenir et la disposer à entrer à l'étable après le départ des premiers.

5

Cette série est tondue avant la livraison.

La troisième série est tondue pendant l'engraissement ; commencée au grain, elle est terminée au pâturage.

La nourriture du mouton à l'étable consiste en trois repas. En général ; ils reçoivent une provende de légumes hachés très menus et mêlés de son, de moutures, ou de tourteaux pulvérisés. Le ratelier est garni de fourrages en grains, tels que lentilles, warats, hivernages. Le mouton se dégoûte facilement ; on doit entretenir la plus grande propreté dans tout ce qui concerne la nourriture. En général, on compte 5 ou 6 francs pour engraisser un mouton, et la plus-value s'élève à la même somme ; mais le plus grand bénéfice consiste, comme nous l'avons déjà dit, dans le fumier, qui n'a pas son égal dans la culture.

La première série étant vendue avec la laine, ne donne pas d'embarras. Il n'en est pas de même de la seconde. En effet, la tonte occasionne au mouton une grande souffrance, soit à cause du brusque changement qui s'opère en lui, soit à raison de l'active poussée de la laine. Aussi, bien que les animaux soient très forts nourris pendant cette période, restent-ils stationnaires, si toutefois ils ne diminuent pas. Il convient donc de vendre, autant que possible, les moutons avant de les tondre, autrement on pourrait se trouver remis au loin. Il importe aussi de conduire à la boucherie ces moutons tondus, par un beau temps, et, autant que possible, au milieu du jour.

Cette série coûte plus que la première, mais elle donne aussi beaucoup plus. Le produit en laine étant égal à la plus-value du mouton, car si les animaux ont été bien tenus depuis la rentrée au parc, quoique tondus avant l'époque ordinaire, ils sont susceptibles de donner autant de laine que les autres.

Les bouchers d'Amiens ne tuent de moutons tondus qu'après les jours gras ; si c'est à ce marché que les bêtes sont destinées, il faut avoir soin de se conformer à cet usage.

La troisième série remplace à l'étable les précédentes ; mais déjà les aliments perdent de leur saveur, les étables s'échauffent facilement, et les animaux, pressentant l'herbe, supportent impatiemment la privation de la liberté ; aussi ordinairement achève-t-on leur engraissement au pâturage. La manière la plus simple consiste à les conduire deux fois le jour dans des prairies peu distantes, composées de trèfle blanc et de lupuline, et à leur donner, en rentrant, une ration d'avoine et de tourteaux.

Dès l'instant que la saison devient favorable et le pâturage abondant, on peut établir le parc sur la prairie ; c'est même une très bonne manière pour récolter ensuite le trèfle blanc en graine. Le parc fatigue bien un peu les moutons, surtout lorsque darde le soleil du printemps ; mais la nourriture l'emporte, et si elle est suffisante, les moutons graissent promptement.

L'un des plus grands inconvénients des prairies artificielles et principalement du trèfle blanc, c'est de causer l'enflure des moutons. Pour l'éviter, il faut tenir les bêtes en arrivant dans les parties déjà pâturées, et ne les laisser envahir les nouvelles que lorsque leur faim est déjà en partie apaisée. Si, malgré ces précautions, l'animal venait à enfler, nous recommandons l'emploi de l'alcali volatil, étendu dans cinq ou six fois son volume d'eau.

Il est encore divers modes d'engraissement ; mais ils rentrent plus ou moins dans ceux-ci. Le mouton est plus difficile et plus coûteux à engraisser que la vache ; mais outre qu'il produit un fumier bien préférable, ce genre d'industrie rentre dans la spécialité d'un certain nombre de cultivateurs. On ne peut que les approuver, puisque la chose la plus profitable est celle qu'on fait le mieux, et d'ailleurs il est utile, dans une culture un peu importante, de se ménager diverses ressources, puisqu'il est rare que tout vienne à manquer à la fois.

Brebis. — On engraisse les brebis de la même manière que les moutons ; elles prennent même plus aisément, s'il en a été fait un choix convenable. Il n'est pas essentiel, pour les brebis comme pour les vaches, qu'elles soient pleines avant de les nourrir ; mais si elles l'étaient, il faudrait se hâter de les vendre avant le troisième mois ; jusque là l'agneau porte peu de préjudice, mais ensuite il devient nuisible.

Un genre de spéculation qui réussit généralement est celui d'acheter des couples à la tonte. On revend les agneaux après la moisson, et l'on engraisse les mères à la Toussaint ; mais, pour bien réussir, il faut avoir été soigneux dans le choix des brebis.

MANIEMENTS.

Les maniements du mouton sont moins nombreux que ceux de la vache ; ils se réduisent en six principaux.

1° *La veine de l'épaule.* — Ce maniement, qui est si développé dans le mouton anglais, est peu sensible dans le mouton de pays, son importance est tout à fait secondaire.

2° *La poitrine.* — La poitrine est très importante dans le mouton, il faut d'abord se rendre compte de sa largeur, puisque l'ouverture de la poitrine contribue beaucoup au poids ; il faut aussi apprécier la quantité de graisse dont elle est revêtue ; pour cela, on fait glisser la peau entre les doigts en la ramenant en dehors. Rarement, le mouton de pays porte à la poitrine une épaisseur de 2 centimètres, tandis que le Dishley a une pelote de graisse de 12 centimètres d'épaisseur.

3° *Le dos et les côtes.* — Ce maniement est très essentiel. puisqu'il accuse à la fois la charpente plus ou moins heureuse de l'animal, la manière dont il est dossé et la largeur aussi bien que la qualité des côtelettes qu'il fournira.

Pour bien apprécier ce maniement, que la laine rend quelquefois difficile à saisir, il faut que la main descende perpendiculairement sur l'échine, et pèse sur cette partie, en s'étendant graduellement jusqu'aux côtes.

4° *La fourche.* — Des deux côtés de la queue se trouve une cavité qui contient une glande. On la sent à peine dans le mouton maigre, mais elle grossit au fur et à mesure que l'animal engraisse, et elle finit par remplir la cavité toute entière. On dit alors que la fourche *est close*, ce qui est le *nec plus ultrà* pour le mouton du pays.

5° *La queue.* — Dans le mouton gras, la queue prend un développement énorme, elle va s'élargissant et peut s'étendre, à l'origine, à 8 ou 10 centimètres. Ce maniement est très facile à apprécier, surtout lorsque le mouton est renversé; il suffit d'appuyer sur la queue avec les doigts, pour s'assurer de la quantité de graisse qui s'est attachée aux deux côtés. En général, le mouton très gras de la queue est moins beau de poitrine, *et vice versâ.*

6° Il est plus sûr de retourner le mouton; on apprécie ainsi beaucoup mieux son poids, on visite plus facilement la queue et la poitrine. Dans cette position, la main s'appuie sur le devant des mamelles ou des testicules, et s'assure de la quantité de graisse qni s'y accumule ordinairement.

C'est ainsi que l'on manie le mouton, lorsqu'on n'est pas pressé; mais s'il est nécessaire d'aller très vite, on peut le manier sans changer de place. A cet effet, on passe son cou sous le bras gauche; on apprécie, avec la main, la poitrine et la veine de l'épaule, pendant ce temps la main droite palpe le dos, la fourche et la queue. Entre chaque mouton on prend un signe de reconnaissance qui indique le nombre de bêtes afférant à chaque qualité.

Le maniement terminé, on sort le mouton dans la cour, on le fait marcher pour juger sa force et sa carrure. On groupe les animaux par catégorie de poids et de qualité, puis on évalue au cours du moment. En général, les moutons

ramassés, près de terre, donnent tout ce qu'on en attend,
tandis que les bêtes grêles, hautes sur pattes, sont trom-
peuses, aussi bien pour la laine que pour le rendement.

MOUTONS DE PREMIÈRE QUALITÉ.

		Poids vif.	Poids de viande.	Suif.
7	Engraissés par des cultivateurs du Département.	388 k.	213 k.	34 k.
15		801	403	56
22		1,189	616	90

Cette série a donné en viande, 51 et demi pour 100 de
poids vif, et en suif, 15 pour 100 du poids de viande.

MOUTONS DE SECONDE QUALITÉ.

		Poids vif.	Poids de viande.	Suif.
22	Engraissés chez les cultivateurs du Département.	1078 k.	509 k.	61 k.

Cette série a donné en viande, 48 pour cent du poids vif,
et en suif, 12 pour cent du poids de viande.

MOUTONS DE TROISIÈME QUALITÉ.

		Poids vif.	Poids de viande.	Suif.
22	Brebis engraissées par divers culti-vateurs.	925 k.	409 k.	44 k.

Cette dernière série ne donne que 44 pour cent du poids
vif, et en suif, 10 pour cent du poids de viande.

ENGRAISSEMENT DES VEAUX.

L'engraissement des veaux semble une chose très facile, pourtant il exige des soins entendus et une assez grande habitude.

Il faut, pour réussir, un local bien disposé, une nourriture appropriée, que l'animal soit toujours en progrès, et éviter que la trop grande quantité n'engendre la satiété.

Il est reconnu que moins le veau fait de mouvements, mieux il engraisse; aussi a-t-on l'habitude de l'enfermer dans des cages appelées formes, dans lesquelles il ne peut se retourner. Tous les quinze ou vingt jours on le met dans une forme plus spacieuse, le changeant ainsi jusqu'à la fin de l'engraissement.

La nourriture habituelle du veau est le lait nouvellement tiré; mais comme on n'en a pas toujours en quantité suffisante, on y ajoute du pain blanc, de la farine de froment, des œufs, des rognures de pain d'autel, des tourteaux; souvent aussi on trouve plus économique d'écrémer légèrement le lait avant de le donner au veau. On peut très bien réussir avec l'une de ces méthodes, pourvu qu'elle soit employée avec discernement.

En général, on achète les veaux à quinze jours, pour les revendre à six semaines ou deux mois; ce commerce est assez profitable, et il le serait bien davantage si les veaux que fournit la Picardie étaient blancs intérieurement, comme ceux de Paris ou de la Flandre, au lieu d'être rouges et sanguinolents. Cet état du veau se manifeste extérieurement par la couleur des lèvres et des gencives et par les cercles rougeâtres qui entourent l'œil. Les nourrisseurs et bouchers de Picardie prétendent que c'est au pays que tient cet état, ou du moins aux types reproducteurs. Nous pensons plutôt que c'est à la nourriture qu'il faut l'attribuer : toujours est-il que ce serait rendre un grand service au pays, que de faire cesser cet état de choses. Voici, d'après M. Bixio, comment sont nourris les veaux de Pontoise, si renommés par leur qualité et leur blancheur.

« L'arrondissement de Pontoise fait sa spécialité de l'en» graissement, ou pour mieux dire du blanchiement des » veaux, puisqu'il fournit les deux tiers de la consommation » parisienne. On en apporte du Berry, du Limousin, de la » Bretagne et même de l'Auvergne. Ces veaux sont âgés » de deux à trois mois, on les nourrit surtout de lait, dis» tribué tour à tour avec des buvées composées de farine » de froment et d'œufs mélangés et bien battus dans des ba» quets d'eau tiède. Cette nourriture, substantielle et rafraî» chissante, change leur physionomie en quelques semaines ; » de faibles et frêles qu'ils étaient en arrivant, ils deviennent » forts, frais et vivaces ; leurs yeux ternes deviennent trans» parents et brillants, pas un vaisseau injecté en rouge n'en » altère la pureté ; les naseaux, les gencives, les tétines, » présentent une couleur rosée qui annoncent la fin de l'en» graissement. C'est le moment où on les enlève pour la » boucherie et où ils parent les étaux, en attendant qu'ils » fassent l'ornement des tables somptueusement servies. »

Un veau bien nourri peut augmenter, chaque jour, d'une livre et demie à une livre trois quarts, c'est-à-dire autant et plus qu'une vache ou qu'un bœuf.

On peut faire aussi de très bons veaux, en les laissant têter leur mère. Pour cela, on peut les mettre en liberté dans une petite étable, comme les poulains, ou les attacher et les amener têter trois fois le jour. Une vache bien nourrie et bonne donneuse peut ainsi allaiter son veau pendant six semaines ; passé ce terme, il est rare qu'elle y puisse subvenir. Aussi, lorsqu'on veut employer ce système en grand, est-il meilleur d'attacher les veaux et de les amener têter indistinctement chacune des vaches, jusqu'à ce qu'ils en aient assez ; on peut ainsi es nourrir jusqu'à trois mois.

On se fournit de jeunes veaux aux époques nécessaires pour employer fructueusement tout son lait. Cette méthode donne peu d'embarras ; le veau est rarement sujet aux maladies, puisque le lait qu'il prend est toujours naturel ; elle est également précieuse pour utiliser les vaches qu'il est impossible de traire, et qui se laissent facilement téter. On lui reproche cependant deux inconvénients : le premier c'est d'obliger à nourrir les vaches beaucoup plus fort, attendu que les veaux les font donner davantage ; le second, c'est que, lorsque le lait est insuffisant, il est impossible d'y suppléer par des buvées, mais du moins elle est très utile pour les élèves qu'on doit conserver.

VEAUX DE PREMIÈRE QUALITÉ.

		Poids vif.	Poids de viande.	Peaux.
	1	75 k.	49 k.	5 k.
	2	75	50	5
Fournis par les	3	75	51	5
cultivateurs du Dépar-	4	55	40	4
	5	70	49	5
tement.	6	90	62	6
	7	90	68	7
	8	70	49	6
	9	70	48	5
	10	90	62	6
		760 k.	528 k.	54 k.

Cette série donne 70 pour cent du poids vif, et 10 pour cent en peau du poids de viande.

VEAUX DE SECONDE QUALITÉ.

		Poids vif.	Poids de viande.	Peaux.
	1	75 k.	45 k.	4 k.
	2	80	56	7
	3	90	52	9
Fournis par les	4	90	58	6
cultivateurs du Départe-	5	70	43	6
tement.	6	70	41	5
	7	65	40	6
	8	90	57	6
	9	90	58	6
	10	95	59	6
		835 k.	509 k.	61 k.

Cette série donne en poids de viande 61 kil. pour cent du poids vif, et en peau, 12 kil. pour cent du poids de viande.

TROISIÈME QUALITÉ.

		Poids vif.	Poids de viande.	Peaux.
	1	80 k.	48 k.	7 k.
	2	80	49	8
	3	89	45	9
Fournis par les en-	4	85	46	7
graisseurs du Départe-	5	65	38	5
tement.	6	60	36	5
	7	60	32	7
	8	60	38	4
	9	69	40	6
	10	75	35	5
		723 k.	397 k.	63 k.

Cette série donne en poids de viande 54 kil. pour cent

du poids vif, et en peau, 17 kil. pour cent du poids de viande.

A l'aide de ces tableaux, et avec un peu d'habitude, il doit être facile à chacun de connaître la valeur de sa marchandise.

BIBLIOTHÈQUE R.F. IMPRIMÉ NATIONALE

⋘❊⋙

AMIENS, IMP. DE E. YVERT.

www.ingramcontent.com/pod-product-compliance
Lightning Source LLC
LaVergne TN
LVHW050622090426
835512LV00008B/1621